JN094527

商人が絆_{ほだ}す市場

京都大学東南アジア
地域研究研究所

地域研究叢書

44

池田真也

インドネシアの
流通革命に交わる
伝統的な農産物流通

著

京都大学
学術出版会

伝統的市場と近代的市場を絆す産地商人

調査対象にしたジャカルタ首都特別州の近郊野菜生産地（西ジャワ州チアンジュール県，2012年9月6日撮影）

野菜の圃場を徘徊するオニン（Onin）氏（2012年9月20日撮影）。農家との交渉後，トゥバサン（*tebasan*）と呼ばれる収穫請負契約を結んでいる。市場価格の動向を見極めて適切なタイミングで収穫し，ジャカルタの伝統的な卸売・小売市場へと迅速に出荷するためである。2007年頃からトゥンクラッ（*tengkulak*）と呼ばれる産地商人にオニン氏はなったが，それ以前は近隣地区の畑を縄張りとするブローカーであった。ほかの一部の産地商人は収穫請負契約で集荷した野菜を近代的市場であるスーパーマーケットに向けて出荷し，スーパーマーケットの求める基準を満たさない野菜を伝統的市場に出荷している。

伝統的流通のバリューチェーン化の萌芽

東ジャワ州マラン県のマントゥン産地出荷市場（撮影日：（左写真）2011 年 10 月 19 日；（右写真）同年 11 月 1 日）。左写真は市場中央部の荷渡し場。右写真は市場外周部の店舗でキャベツの詰め込みをしている様子。

西ジャワ州チアンジュール県のチゴンボン産地出荷市場のすぐ近くにある農民グループの野菜の選別場（2011 年 10 月 28 日撮影）。集荷商人の出荷先の 1 つでもある産地出荷市場（Sub Terminal Agribisnis: STA）は，スーパーマーケットの購買担当者が利用できるように整備された新しい公設市場である。その STA の近くでスーパーマーケットや日本食レストランに向けて出荷している農民グループの 1 つがアグロ・スガール（Agro Segar）である。倉庫内で野菜のパッケージングが行われ，ジャカルタの吉野家やイオン（AEON）の元へと出荷する。左写真はビニールで包装する様子。右写真は包装済みの野菜。

スーパーマーケット（イオン）へ出荷する野菜を車に積み込む企業家的農家のアグス（Agus）氏（2015 年 9 月 7 日撮影）。当時アグロス・ガールの販売担当だったアグス氏は農家兼商人の役割を果たしており，高品質な野菜をめぐりトゥンクラッと競合している。

スーパーマーケットへの出荷に特化したサプライヤー企業の生き残り

インドネシアの代表的なサプライヤー企業であるビマンドリ（Bimandiri）の倉庫内の様子。写真は出荷する野菜の選別作業（西ジャワ州西バンドン県，2019年8月27日撮影）。

近年のビマンドリは単に品質の良い野菜の出荷だけではなく，加工に力を入れており，写真のように野菜スープの調理用にパッケージングした商品など販売している。過当競争に直面するスーパーマーケットからこのような消費者目線の加工が望まれている（撮影日：（左写真）2019年8月27日；（右写真）同年8月29日）。

パッケージングされた野菜は段ボール詰めされ，各地のスーパーマーケットの集荷所（ディストリビューションセンター）および店舗へ出荷される。写真は販売先ごとにパーティションで分けられた倉庫内の出荷スペース（2019年8月27日撮影）。

試行錯誤する伝統的卸売市場の近代化

東ジャワ州シドアルジョ県のプスパ・アグロ中央卸売市場で行われるオークションの様子（2011年11月22日撮影）。右写真は，1ヵ月間で受け渡される計200トンのコメの売買が成立した場面（スクリーン前で話す写真右側の3名は左から売手，買手，オークションの司会者である）。

ジャカルタ首都特別州のクラマッ・ジャティ中央卸売市場内の様子（撮影日：（左写真）2009年11月17日；（右写真）2018年8月23日）。市場内は10年近くの間に施設環境には変化が見られない。しかし，商人の連絡手段は黒電話から携帯電話に一変した。

クラマッ・ジャティ中央卸売市場の敷地内に新たに建設された近代的な卸問屋（2018年8月18日撮影）。冷凍肉類などクラマッ・ジャティ中央卸売市場で取り扱いのない商品が販売されており，一般消費者も多数訪れている。

目　次

はじめに

インドネシアの庶民に慣れ親しまれている市場（いちば）はインドネシア語でパサール（pasar）と呼ばれ，ペルシア語のバザール（bāzār，英語では bazaar）を語源とするイスラーム由来の伝統的な市場である。普段われわれがスーパーで目にするような値札がないことが大きな特徴であり，モノの値段を決めるにはすべて商人との交渉を必要とする。ところが，インドネシアの首都ジャカルタの街を現地調査の合間に散歩する度に，日本で見慣れたコンビニを目にすることが増えた。以前のように露店屋台でハエと闘いながら食事をとることや，騙されまいと値段交渉してパサールで買い物しなくても済むようになりつつあるのである。食料の確保は日本でもインドネシアでも共通する生活行動だが，利便性に優れたコンビニやスーパーマーケットの台頭を目の当たりにすると，途上国の近代化を肌で感じているようでもある。一方で，その近代化のもたらすスマートさは人間的な温かみに欠け，寂しくも感じる。パサールの商人との駆け引きや常連客になることで生まれる日々を生き抜く幸福感が日本では失われつつあるからかもしれない。このままパサールは消えていくのか，それとも新しい形へと蘇るのか，そんな素朴な疑問が本書の出発点である。そして，パサールを支える零細な商人の取引に目を向けインドネシアの農産物流通を見直すことで，新興国のダイナミクスとその原動力となる商人の底力を冷静に明らかにすることが本書の狙いである。

本書が注目する「農産物流通」という言葉を聞いて，どのようなイメージを持つだろうか。米・肉・魚・野菜・果物といった農産物が生産者から農協を経て卸売市場で売買され，そしてスーパーなどの小売店に並ぶまでの物の流れを想像するかもしれない。もしくは，年初に築地市場（現在の豊洲市場）で見られる大間マグロのセリを思い起こす読者も多いかもしれない。どちらも間違ってはおらず，「農産物流通」の一部と言える。むしろ研究者が自らの問題解決に必要な対象に定義しなおすのが自然であり，本書の「農産物流通」を平易に記述すれば，インドネシア・ジャワ島の都市近郊農業に従事する生産者から，大都市の玄関口にあたる中央卸売市場の商人までの野菜の流れと各取引の在り様を指す。そうすると，「農産物流通」というのは何か恣意的なもしくは未成熟な見方や概念として受け取る読者もいるかもしれない。そうした面も否定し

きれないが，むしろ柔軟な概念として優れていると筆者は考える。なぜか。「農産物流通」の主役である（卸売業者や小売業者などの）商人や卸売市場，そして流通の両極に位置する生産者と消費者の在り様は非常に短いスパンで大きく変化しており，それに伴う社会・経済的な問題も移り変わっているからである。たとえば近年の日本を見渡しても，農産物や加工品の流通過程から溢れ出る食品廃棄物（food loss and waste）や，加工・輸送時に排出されるCO_2による環境負荷，食料小売店の偏在に伴う買い物困難者の出現といった消費者の健康に直結する新たな問題などが生じている。それらの問題をクリアに切り抜く舞台設定が問題に応じて異なるのは自然であろう。余談ではあるが，持続可能な開発目標群（Sustainable Development Goals）の一部に当たる食品廃棄物の問題解決には，実態を掴みにくい中間流通企業だけでなくリサイクル業者・地方自治体・フードバンクなど流通の外にいる主体も含めた枠組みを必要とし，フードシステム（food system）と呼ばれる拡張概念の重要性が世界的に認められている。

　さて，農産物流通を見ていくうえで重要な場所が市場（market places）である。アメリカの人類学者であるクリフォード・ギアツが市場経済の原点として注目したのが冒頭のインドネシアのパサールである。市場に集まる多数の零細商人を中心に食料・衣服・日用品などの価格交渉に始まる取引を，公式なルールのない状況下で個別に行う形式の市場であり，日本ではバザーと呼ぶほうがなじみ深いかもしれない。ギアツの著書『Peddlers and Princes（行商人と王子）』では，苛烈な価格交渉を行う零細な商人達に溢れる 1950 年代の東ジャワのパサールが取り上げられ，先進国でみられるような洗練された商業的組織を欠いた状況下における社会文化的なシステムとしてパサールの一面が描かれている。そして，商人たちが合理的な商行為へ向かう姿勢をギアツは認めながら，長い時の中で固定化した商慣行に制約を受ける点でパサールを基軸とした経済を「伝統的（traditional）」と述べ，またその伝統の多くは海外諸国との遠隔地交易により積み重ねられた点を指摘している。そのパサールの延長線上に現在の（農産物流通の拠点としての）パサールは成立しており，インドネシア経済を支える人々の食生活の手綱を握っているのである。なかでも大都市として知られるジャワ島西部に位置するジャカルタと，東部に位置するスラバヤを中心にして筆者は現地調査を実施した。ジャカルタは 17 世紀以降オランダ東インド会社の国際貿易拠点として，いわば外圧的に国際貿易の流れに取り込まれた港

湾都市である。そのため，パサールの在り様も現在に至るまでのグローバリゼーションの渦の中で大きく変わっていったことが伺える。一方で，スラバヤはブランタス川の河口に位置し，11世紀以降その流域で栄えた東ジャワ内陸のヒンドゥー王国を支える港湾都市としての成り立ちを持つ。いわば内から発展した港湾都市であり，ジャワの文化や地域性を色濃く反映する都市とも捉えることができる。この対照的な2都市それぞれについての近郊農産物流通を取り上げることで，ジャワの多様な地域性まで射程に入れることが本書の1つの特徴である。

　そんなインドネシアの農産物流通を支えるパサールは近年，グローバリゼーションの影響を大きく受けている。そもそもインドネシアの経済発展は世界的に注目されている。たとえばポストBRICs（ブラジル・ロシア・インド・中国）として，内需の拡大が大幅に進むベトナム・フィリピンとともにインドネシアは新たな有望投資先として注目されている（University of Asia and the Pacificのビルレーガス（Bernardo Villegas）教授はこれら3国の頭文字をとって「VIP」と呼ぶ）。なかでもインドネシアの内需拡大は，2004年以降の年率5%以上のGDP成長率から伺える所得増加や，2020年には2.7億人に到達した世界4位の人口に支えられている。そのような内需拡大に加えて海外直接投資（foreign direct investment）の増加に後押しされ，2000年代以降のインドネシアの農産物流通においては，パサールとは異なる新しい小売業態として捉えられるスーパーマーケットが大きな存在感を示している。流通革命と呼ばれるこのスーパーマーケットの台頭自体はインドネシアを含む多くの途上国・新興国で確認されているが，それは途上国・新興国に特有の現象ではなく，日本・アメリカ・ヨーロッパ諸国が20世紀のうちに経験している。ただし，国民の多くが農業に従事する途上国・新興国における急激な小売サイドの変化は，農業の産業化・アグリビジネス化を加速させるトリガーになることが期待されており，近年は国際協力における農業開発の文脈で開発実務家からも注目されているのである。そのような新興国農業のアグリビジネス化は大きな枠組みでいえば途上国・新興国の近代化の一つの形であり，消費者目線で見るなら食生活に大きな変化を与えるものであることは想像に難くない。

　しかし，伝統的な小売市場としてのパサールと近代的な小売業態であるスーパーマーケットが交わることは，単に消費者を取り巻く環境が変化するだけではない。小売店の背後に目を向ければ，両者は産地の零細農家を囲い込もうと

競争しているのである。すなわち，消費者としてスーパーマーケットやパサールを訪問するだけでは見えない背後にいる商人，そして農家に至る農産物流通に目を向けることで，また違った近代化の姿を捉えることができる。このような消費者からは見えない農産物流通の裏側で何が起きているかという点を，2009 年から 2019 年までに断続的に行った様々な商人に対するフィールドワークによるアプローチと，そこで収集した個票データを活用した計量的分析による開発経済学的なアプローチから本書は解き明かす。なお，より長期的な観点から農産物流通の発展過程を捉えようとすれば，経済史研究にみられる歴史文献資料の精査などの作業が当然必要になる。残念ながら本書では取り組めていないが，インドネシアには欧米の研究者だけでなく日本人の先人達による豊富な研究成果がある。さらに，そもそも流通という研究対象の「変化し易い」という特性ゆえに，一人の研究者による期間を限定された観察であっても農産物流通の変化のダイナミクスをこの目で確かめることも可能だと考えている。むしろ，これこそ流通に注目する醍醐味だと前向きに考えたい。

　商人の取引行動に着目した具体的な分析枠組みや解き明かすべき課題の説明は序章に譲るが，一先ず議論の道筋を概観した方が本書を読み進めやすいだろう。いわゆる歴史的な経路依存性の観点からインドネシアの農産物流通の発展過程を本書は捉えている。すなわち，スーパーマーケットを主体とする近代的流通を通じて新しい技術が導入されたとしても，市場全体になかなか浸透せず，一定の条件が揃うまではパサールと商人を主体とした伝統的流通に見られる旧来型の技術と併存していくという見方である。しかし，伝統的流通を旧来型の技術に囚われ，固定されたものとして捉えていない。むしろ，伝統的流通自体が変化し新しい技術に適応していく可能性に本書は最も注目している。具体的には，スーパーマーケットが契約栽培を推進する動きが，伝統的流通に依存していた農家だけでなく，商人による卸売流通にも影響を与え，より洗練された流通を形成していくという仮説を軸に本書は展開する。類書のように近代的流通をある種の技術として捉えて途上国で如何に広がるか，もしくは伝統的流通が旧態依然として残り続けるのか，という視点は切れ味が鋭い一方で，伝統的流通自体の変化を追う視点はそこで切り捨てられる。本書の試みはそれを拾い集める作業とも言えるだろう。インドネシアを訪れるたび，パサールの商人が黒電話から携帯電話，そしてスマートフォンを用いるようになり，さらに最近では取引相手を Facebook で見つける情景を目の当たりにすると，伝統的流通

の商人達も新しい技術を的確に取り入れていることを想定することは自然なことに思われたのである。さらに COVID-19 の世界的な蔓延で伝統的流通・近代的流通の双方で困難が生じる中で，E-commerce にみられる新たな技術革新が起きようとしている。その行方を検討する上でも，今なお農産物流通の主役である伝統的流通からの視点がもたらす知見は切り捨て難い。

　本書の内容を先取りすれば，近代的流通の台頭という大きな変化に対して優れた適応性を内包する伝統的流通の様子が産地で観察される。たとえば，伝統的流通の商人は既存の取引方法を工夫して近代的流通の要望に応えている。また，近代的流通が推し進める契約栽培で技術水準を向上させた農家が，契約栽培から離脱し，農家兼商人のように業態を変えて伝統的流通に戻る状況も発生している。すなわち，近代的流通への参加を契機として，零細農家が成長している点が垣間見えるのである。その一方で大都市へ向けた卸売流通に目を向けると，近代的な卸売市場流通の機能を部分的に持ちえているものの，不十分な点も見受けられる。今後も伝統的流通が持続する可能性が高い状況を踏まえれば，伝統的流通の自律的な発展に期待するだけでなく，金融アクセスの改善(いわゆる金融包摂)などのサポートが必要な点へと議論を展開していく。ここで強調しておきたいのが，近代的流通をインドネシアの市場環境により誘発された技術革新としてではなく，外生的なものとして捉えている点である。一般的に，近代的流通では冷蔵保存機能を持つコールドチェーンや集約的な情報管理システムなどの優れた技術が導入され得るものと認識される。そのような技術は産業発展に大いに貢献しうるものであるし，特に零細かつ貧しい農家が豊かになるために有効であり，農業の現場でどのように技術が浸透するか，そして新たな革新が生じ得るかは長年議論されてきた。その中で良く知られている命題が，「新たに技術が生み出されていく場所は，その技術が最も価値を発揮する場所である」というものである。いわゆる誘発的技術革新(induced technological innovation) である。たとえば，耕作に適した土地が少なく希少であれば土地を節約できる技術 (高収量を可能にする品種改良や化学肥料) が生み出される。他方で，労働者が減少し希少であれば，労働を節約できる技術 (農業機械の導入など) が生じる。しかし，本書で取り扱うインドネシアの農産物流通の変化の全てを誘発的技術革新で説明することはできない。たしかに，近代的流通を主導するスーパーマーケット自体は確かに技術であり，セルフサービング店舗 (self-serving store，米国特許番号 1242872) という 1917 年にアメリカで認めら

れた特許が起源である。また，それを除外しても市場制度としての「技術」と捉えることも可能かもしれない。しかし，スーパーマーケットは生産者だけでなく，消費者から求められた「技術」であり，前述のような土地・労働の要素市場価格の違いだけでは説明されず，それよりももっと大きく，普遍的な枠組みが必要である。そのような枠組みを模索する意義は大きいが，残念ながら本書の射程を超えたものである。むしろ，そのような大きな枠組みに貢献しうる事例研究として受け取ってもらいたい。

　ところで，商人と市場の変化を経済学の観点から本書は理解しようとするため，地域研究としては味気ない印象を受ける読者もいるかもしれない。人類学や民俗学をディシプリンとした地域研究においてよく用いられるエスノグラフィ（ethnography）により複雑な流通の仕組みに迫るアプローチが有効なことは認める。たとえば，世界に誇る水産物市場である築地に入り込み実態に迫ったテオドル・ベクターの『築地』のような文化人類学の傑作には一種の憧れを筆者も抱く。しかし筆者の力量では論点がぼやける恐れがあったため，開発経済学のディシプリンを軸にシンプルな絵で伝統的流通を切り抜くアプローチを本書は選択した。しかし，筆者がジャワで出会い，話を聞いた商人はそれぞれ魅力的であり，その経験は共有したい。そこで，地域研究者の多くが直面するであろう「現場」の臨場感を，コラムや口絵の形で適宜補足していくことにした。このように本書の登場人物の実像をイメージしやすくすることが第一の目的ではあるが，変化しつつあるインドネシアの農産物流通の当事者の声をどのように解釈し，何を切り捨て，何を残して分析したかを残すことで，他の研究者にとっても参考になれば幸いとの思いもある。

　なお，本書では統計的な基礎知識を必要とする章もあり，読み進めることに困難を感じる読者もいることであろうから，概要を把握したい読者のためにそのような章を読み飛ばしても理解できるように配慮した。つぎの序章以降，フィールドワークに基づく農産物流通の実態把握を狙いとした章（1・3・5章）と，個票データを利用して統計的な仮説検証を行う章（2・4章）に本書は分かれている。後者は多くの数式を交えて議論を進めており，読み進めるには計量経済学の基礎知識を必要とする。事前知識の豊富な読者にはもちろん読んでいただきたいが，そうでない場合は読み飛ばしても論旨を見失わないように配慮している。とはいえ，終章に該当する6章ではジャワの農産物流通の今後を展望しているので，是非そちらにも目を通していただきたい。また各章を独立し

て読めるように配慮した関係で調査地の説明などを繰り返している部分もあるが，その点はご容赦いただきたい。

　最後に，本書のタイトルにある「絆す（ほだす）」は繋がるという意味だけでなく，縛られるという負のニュアンスを持つ古語である。まず，流通革命という大きな流れの中で現れた近代的市場（スーパー）と庶民が慣れ親しんだ伝統的市場（パサール）が産地の商人で「繋がる」状況を読者に想像してもらうことを意図している。産地の商人が様々な適応性——いわゆる企業家精神——を持ち合わせて流通革命を生き延びている点は本書の重要なメッセージの1つだからである。しかし一方で，伝統的な農産物流通が優れていると全面的に賞賛することは間違ったメッセージになる。なぜなら，商人が作り上げたパサールを軸とした卸売流通は依然として慣習に依拠した伝統的なシステムであり，遠い将来も見据えれば課題もあるからである。すなわち，長い時間をかけて形成された慣習に「縛られ」ており，それゆえに新たな技術の導入が漸進的にしか進まないという伝統的な流通のネガティブな特性も本書の重要なメッセージである。インドネシアの農産物流通の将来が明るいものであることを願っているが，それは市場メカニズムに任せれば達成されるという楽観的な態度を許してはくれず，様々な専門家の今後の努力と協力を必要とする。本書がその一助となれば幸いである。

序章

パサールから卸売流通へ

——問題設定と分析枠組み

1. 問題設定

1.1　伝統的流通の近代化

　本書のテーマは，先進国と異なる発展経路を辿っているジャワの伝統的流通の実態を明らかにすることである。そもそも伝統的流通とは経済発展の初期に見られる市場システムであり，場としての市場（いちば）と多数の商人による取引で成立している点が特徴である。市場では契約違反者への罰則が制度化されていないため，商人は緊密な顧客関係を形成するなど様々な工夫を凝らして，契約が履行されるように努めている。逆に，取引の制度化および場の整備が進められた先進国の流通は近代的流通と呼ぶことができる。たとえば日本では，1923年から農産物の市場が中央卸売市場として整備され，伝統的流通の主要な主体であった問屋を卸売業者として制度化し，伝統的流通からの脱却がなされた。しかし，途上国では市場システムにおける法整備が遅れており，現時点でも伝統的流通が支配的である。本書の立場は，途上国のこのような状況を前近代的なものとして否定するものではない。卸売市場制度の導入などの介入がない自由な環境下で，どのように伝統的流通が発展し，先進国が辿った道とは異なる様相を見せるかに焦点を当てているのである。

　本書は農産物流通論の古典的テーマである伝統的流通の近代化を基軸としているが，途上国を研究対象とするにあたって，文化人類学・開発経済学の知見から課題を設定した点に特徴がある。そこで，文化人類学・開発経済学の知見についてまず触れたい。途上国の伝統的流通に着目した最初の分野は文化人類学であり，クリフォード・ギアツのバザール経済論に見られるように，市場制度が未発達な状況で如何に取引が行われるのかという切り口から，経済の在り様を地域性や民族性などの文化的な側面に求めた。たとえば，原始的な商取引の場であるバザールで見られる商人は，地縁や血縁にもとづく取引相手との関係性や，繰り返し行われる取引で形成された顧客関係により遠隔地との取引を成立させていたのである（Dewey, 1962; Geertz, 1978, 1963）。そして，バザールにおける取引への問題関心は開発経済学へ引き継がれ，またバザールを卸売流通の拠点である市場として捉えると農産物流通論へと関連する。

　開発経済学では途上国の貧困削減を目指し，その市場経済化をミクロ経済学

などの経済理論で解き明かすことに注力されてきた。そのため，取引の場である市場ではなく商人に着目し，商人の合理性と競争的な経済行動を前提に，途上国で観察される様々な商取引を説明するアプローチが取られる。以前は，商人は（特に農家との取引において）伝統的流通の発展のためには不要な存在と考えられることが多かった。農家に比べて資本面で優位に立つ商人が，交渉時に買い叩き，農家を搾取していると考えられていたからである。しかし，多数の研究蓄積の結果，それを支持する証拠はほとんど得られておらず，むしろ商人の働きにより伝統的流通における市場経済化が進んでいるとの合意形成が得られていると言っていい[1]。そのため，開発経済学は伝統的流通の近代化を，「商人による市場経済化」という観点から普遍的に理解することに重きを置いている。

　一方で，農産物流通論では流通する財を農産物に限定しているため，前述の文化人類学・開発経済学と比べると扱う対象が狭められている。その代わりに政策論的なアプローチも重視され，食料の安定供給の実現などの政策面が強く意識される。たとえば，取引の制度化や公設市場の施設整備などの政策的介入により，伝統的流通の「近代化」を如何にして進めるか，という点に重きを置かれる。この食料の安定供給という面で，中央卸売市場の在り方が重要である。天候不順による不作や国際価格の高騰などの緊急時に，政府による国内流通量のモニタリングや介入を可能とするのが中央卸売市場なのである（Asche et al., 2012; Federico, 2012）。たとえば，日本の中央卸売市場が整備された背景には，米価格の高騰による問屋商人による買い占めなどが問題視され，食料の安定供給を支える卸売流通を構築していくことが重要な課題となっていた（細川, 2019）。つまり，農産物流通論は場としての卸売市場，そして商人を同時に研究対象としており，特に途上国の農産物流通の文脈では，文化人類学と開発経済学と密接に関連していると言えるだろう。

　本書は，農産物流通論が想定する（途上国を対象とした）伝統的流通の「近代化」をテーマとして取り上げる一方で，伝統的流通自体の発展過程に関連す

---

1)　その後の研究潮流としては，途上国の市場経済化に着目し，その歴史的経緯および契約理論に基づいた分析から，市場メカニズムそのものの理解を進める経済史へと展開された。このような歴史研究への展開は日本の農産物流通研究の一部で見られた傾向であるが，近年は農産物流通研究者の関わりは薄れている（美土路ら, 2013：239）。本書では経済史にまで立ち入らないが，隣接領域としての重要性は指摘しておきたい。

る問いに開発経済学の手法を用いてアプローチする。まず，農産物流通論における「近代化」とは，卸売市場設備やその物流・交通の整備といったインフラ面を指すだけではなく，スーパーマーケットが進めるチェーンストア化や，インターネットと接続した小売店舗化などの新しい経営形態や技術の導入も含まれる。多数の商人で構成される途上国の農産物流通では中間マージンが高くなる傾向にあるが，このような新しい経営形態や技術の採用による流通経費の低下は，一見すると途上国にとって望ましい発展経路と考えられている。それゆえ，先進国で実現された上述の「近代化」パッケージをどのように途上国の伝統的流通に導入していくか，という点が途上国を対象とした農産物流通論では主要な問題関心になるのである。本書の内容に即せば，バザールを基礎とした卸売流通から，スーパーマーケットに代表される小売企業主導の近代的流通への転換が「近代化」と認識される。しかし，次節から述べるように，この「近代化」への転換には陰りが見えており，伝統的流通自体に着目する重要性が増しているのである。「近代化」の陰で静かに進行していた伝統的流通の発展は，スーパーマーケットに比べて多数の零細な商人により支えられている。そのため，商人の行動に着目した開発経済学に基づくアプローチが有効なのである。

1.2 途上国の流通革命と契約栽培

　1990 年代からの（スーパーマーケットなどの）大規模小売の台頭により途上国の農産物流通は注目を集めた。その台頭は 3 つの時期に分かれて以下の地域で観察されている（Reardon et al., 2012）。第一期（1990 年代初頭）がラテンアメリカ・中央ヨーロッパ・南アフリカ，第二期（1990 年代中盤から後半）が東南アジア（インドネシア・マレーシア・フィリピン・タイ）・中央アメリカ・メキシコであり，第三期（1990 年代後半から 2000 年代）が中国・ベトナム・インド・ロシアである。このような大規模小売の増加は，各国における都市化の進展と，それに伴う大都市の消費者の需要の変化に後押しされている（Reardon et al. 2003; Reardon et al., 2007）。

　この途上国における大規模小売の台頭は Reardon et al. (2003) を契機に流通革命（supermarket revolution）として認知され，農産物流通論と開発経済学の境界領域として関心を集めている。前述のように農産物流通論では，新しい経営形態の一つである小売主導の契約栽培への転換を「近代化」の一手と捉え，

途上国の小規模経営農家にどのように導入できるのか，という生産者に関する論点への関心が高い。この点に関しては開発経済学においても高い関心が寄せられるが，それは小規模経営農家が契約栽培を取り入れ所得の向上が確かめられれば，貧困削減の一つの手段となり得るからである。

そして，契約栽培に参加できない生産者はこの流通の発展から取り残され，最終的に農業から撤退してしまうことが危惧されるようになった。なぜなら，一般的な農家のほとんどが小規模経営であるにもかかわらず，契約栽培の担い手の大部分は大規模経営農家，もしくは組合組織だからである（Bellemare and Bloem, 2018; Hu et al., 2004; Moustier et al., 2010; Reardon et al., 2012; Romo et al., 2009; World Bank, 2007）。また，ベトナム（Tam, 2007）やタイ（Wiboonponse and Sriboonchitta 2007; Srimanee and Routray, 2012）では農民組合組織との契約栽培が報告されているが，組織化されていない個別農家との契約栽培はほとんど見られない。小規模経営農家は資金に余裕がなくスーパーマーケットからの代金支払までに時間がかかる点を許容できないことや，定期的な販売スケジュールを守れないためである。また，タイでは契約書を用いた企業との契約栽培への不信感と，伝統的流通の柔軟な取引形態から，小規模経営農家が契約栽培を拒否する動きもあり（Schipmann and Qaim, 2011），資本不足や技術的な問題以外の要因も指摘されている。

では，契約栽培に適応することが農家にとって望ましい「近代化」なのだろうか。契約栽培を導入できる農家の属性の解明と，その導入により所得や生産性への効果を推計する試みが多数行われている。その結果を見れば，たしかに低所得層の農家は契約栽培に参加することで所得向上が見込まれるケースもあるが，どのような農家が契約栽培に参加できるのか，そして全ての農家が所得を向上させることができるのか，という論点に対する確定的結論は得られていない（たとえば Bellemare and Bloem, 2018; Otsuka et al., 2016; Ton et al., 2018）。つまり，契約栽培の導入による「近代化」が望ましいとは言い切れないのである。さらに，アジアの新興国ではスーパーマーケットの市場占有率は増加しているものの，Reardon et al.（2012）の分類で第二期に分類されている東南アジアでは依然として伝統的流通が支配的である。具体的には，2009 年時点でインドネシアが 10% 程度，フィリピンが 20% 程度，タイが 30% 程度となっている（Dyck et al., 2012）[2]。この状況では，契約栽培への移行を喫緊の課題とするのは早計ではないだろうか。

Reardon らの指摘は重要であるが，流通革命下において大多数の農家を支えている伝統的流通を前近代的なものとして研究対象から切り捨てることは，途上国の農産物流通への理解を妨げることになるだろう。たとえば，Schipmann and Qaim（2010）がタイのピーマンの流通に関して指摘したように，伝統的流通自体が近代的流通の影響を受けて発展している可能性も考慮すべきであろう。詳細は後述するが，流通革命以前の途上国の農村では，信用市場や労働市場の不完備性を補うように商人が伝統的流通を機能させていた。このような商人が流通革命という大きな市場の変化に反応していないと考える方が不自然であり，むしろ商人により伝統的流通自体が変化していると考える方が自然である。このような問題意識から，流通革命の影響を受ける産地流通における伝統的流通自体の変化を明らかにし，その発展過程を検討することを1つ目の課題とした。

1.3　卸売流通の静かなる革命

　スーパーマーケットなどの大規模小売店の台頭に伴い，前述のように流通の川上における契約栽培の進展に焦点が当てられることも多くなってきた。その一方で，経済発展と共に付加価値が増す卸売流通・加工・貯蔵といった流通の川中が着目されることは稀であった。大規模小売店舗の台頭を流通革命と呼ぶのに対して，中小企業を中心とした加工や卸売流通の見えにくい川中の変化を「静かなる革命（quiet revlolution）」と Reardon and Timmer（2014）は呼んでいる。後述するように，生鮮野菜流通を本書は取り上げるため，加工過程ではなく卸売流通の「静かなる革命」に着目した[3]。

　地域差があるものの，アジア・アフリカの途上国における卸売流通の変化は二段階に分かれて生じている（Reardon and Timmer, 2014; Reardon, 2015）。第

2）　ただし，アジアの中で例外的に大きく流通革命が進んでいる国が中国であり，最後発にも関わらず 50％ を超えている。

3）　なお，加工企業の進展は 1970 年代までは公共セクターを中心に穀物について進められ，1980 年代ごろから民間企業により進められた。ただし，提唱者の Thomas Reardon は産地における卸売流通の変化形態の一つとしてスーパーマーケットへの販売に特化した卸売業者の台頭を指摘するなど，川上で農家が直面している市場環境の変化も「静かなる革命」として広範囲に捉えている。しかし，本書では産地流通と都市部への流通を担う卸売流通を分けて捉えるため，後述のように産地流通の1つのアクターとして上記の卸売業者を取り上げている。

一段階は 1960 年代から 1990 年代にかけて生じた公共投資による卸売市場の建設によるものである。たとえば，中国・インド・インドネシアでは集散市場的な構造の卸売市場整備が進められた[4]。その結果として，それまで各地に散在していた卸売商人が公設市場に結集し，卸売市場を基盤とした流通が形成されていったのである。なお，アジアの米流通に関しては，公設市場の卸売商人が規模の経済を発揮するようになり，産地に居住する小規模な商人に代わり，直接農家と取引するようになったことが指摘される（Reardon et al., 2014）。そして第二段階は 2000 年代以降の民間企業による卸売流通への参入であり，その主体は加工会社やスーパーマーケット，そして先進的な物流会社である。物流会社では，小売店舗と配送システムを融合させる ICT システム・貯蔵管理・コールドチェーンなどを導入している[5]。前述の産地における契約栽培の浸透も，農家と中間業者との緊密な連携を必要とするものであり，第二段階における卸売流通の変化の影響を受けるだろう。

　しかし，「静かなる革命」の第二段階である 2000 年代以降，公設市場を通じた卸売流通もまた変化している点を検討することは依然として重要な研究課題である。たしかに，伝統的流通の卸売業者と近代的流通の民間企業が競争関係にあり（Reardon, 2015），伝統的流通が近代的流通へと代替していく可能性を示唆するものである。しかしその一方で，タイ・フィリピン・インドネシア・ベトナムなどの東南アジア諸国では依然として伝統的流通が支配的である（Dyck et al., 2012）ことは，先に述べたとおりである。また，農産物の流通に特有な論点に，突発的な食料不足を生じさせないよう，卸売流通に公共性が求められる点が挙げられる。前述の第二段階において卸売市場外の流通が主となれば，卸売市場を通した政府によるモニタリングが難しくなるだろう。それゆえ卸売流通の機能を把握することが重要なのである。

　そのような卸売市場の流通機能の観点からタイとフィリピンについては福井（1995a），インドネシアについては諸岡（1995）などの研究例がある。通信・輸送手段の発達により市況情報の伝達が円滑で流通マージンが低い点で，タイの

4）　集散市場的な構造とは，ハブ・アンド・スポークモデルとも呼ばれ，農産物が一度大都市の卸売市場に集められ，そののちに地方の卸売市場へと流通するモデルである。日本の青果物流通でも観察される流通構造である（一瀬, 2018）。
5）　たとえばインドではニチレイ，三菱倉庫などのグループ会社である Snowman Frozen Foods Limited が低温倉庫，コールドチェーン物流を展開している。

卸売流通の機能が相対的に優れている点が指摘されている（福井, 1995a）。しかし，いずれの国においても固定客との継続的な取引関係により卸売流通が成立している点は共通している。これらの国では卸売市場制度が未整備であり，バザールのように売手が価格情報を隠し騙しあいが横行する場では，買手側は別の売手を探すための費用（探索費用と呼ぶ）を多く負担しなくてはならない[6]。また売手側からすれば買手が支払いをせずに逃げてしまうリスクを伴う。このような問題に対する解決策が，同じ相手と繰り返し取引することである[7]。売手は次も取引することを期待して若干安い価格へと譲歩でき，また一定程度の掛け取引も可能になる。このような取引関係はお互いを良く知っているという意味で友人関係のように見えるがそうではなく，依然として売手と買手は敵対的で緊張感のある関係性を保っている[8]。

　他方で杉村（2013）が指摘するように，日本の卸売流通を理解する上でも途上国の卸売流通を研究する意義はある。たとえば，前述の卸売流通の段階的変化は，卸売市場制度の整備の有無を除けば日本の青果物流通でも確認されてきたものである。細川（2009）による日本の卸売市場流通の制度面における整理を参照すれば，前述の第一段階は1923年に成立した中央卸売市場法で始まった公設公営制卸売市場（中央卸売市場）の全国展開に該当し，第二段階は1970年代から見られた企業主導型卸売機構，多様な地場流通，そして市場外企業流通の併存に該当する[9]。そして，2018年の卸売市場法改正で取引の自由化が進められる中，卸売業者や仲卸業者の自律的な経済行動に関する関心が高まっているのである（細川, 2019；杉村, 2013）。すなわち，元々ある種自由に取引が行われてきた東南アジアの農産物流通から学ぶべき点もあると言えるだろう。

　以上から，卸売流通制度が未整備な状況にある農産物流通を対象として，第

---

6)　バザールでの取引に関する記述はマクミラン（2007：57-92）を参照した。

7)　Geertz（1978）では clientelization と呼ばれている。

8)　このような売手と買手の関係性をベクター（2007）が築地の水産物卸売市場でも指摘している。また，例として挙げたフィリピンの卸売流通で見られる売手と買手の関係性は，スキ(suki)と呼ばれる地縁，血縁関係に基づく互酬的な関係であり（福井, 1995b），より地域的，文化的要因が反映されている。

9)　細川（2009）は日本の卸売市場流通について，次のように3段階に分けて整理している。第一段階として，江戸時代初期に始まった前期的商人による民営問屋制，第二段階として1923年に成立した中央卸売市場法で始まった公設公営制卸売市場（中央卸売市場）の全国展開，第三段階として1970年代からの企業主導型卸売機構，多様な地場流通，そして市場が企業流通の併存，である。

二段階に相当する 2000 年代以降の卸売流通の機能を検討することが本書の2つ目の課題である。本書では比較対象として日本やアメリカの卸売流通に触れることもあるが，それら先進国の卸売流通への転換を望ましいと捉えるわけではなく，むしろ「伝統的流通からの発展経路」を捉えることを狙いにしている。仮にその発展が停滞していたとしても，流通革命に関心が移る中で空いた隙間を埋める点でも意義のある課題となりえよう。

2. 分析枠組み──地域の文脈に基づく課題の特定化

本書ではクリフォード・ギアツによるバザール経済論の舞台となったインドネシアのジャワ島を対象地域とした。ジャワの伝統的流通は，ペルシャ語のバザールを語源とするパサール（pasar）と呼ばれる公設市場を起点として形成されている[10]。また，インドネシア国内でもスーパーマーケットの出店はジャワ島に集中しており，伝統的流通への影響を観察しやすいと考えられる。

そして，本書が対象としたのは野菜流通である。農作物の種類によって流通の形態は大きく異なり（Siamwalla, 1978），野菜の特徴はその腐敗性（perishability）にある。腐敗による値崩れのリスクが高いことから，迅速な取引のための農家と商人の連携を観察することができる（たとえば Hayami and Kawagoe, 1993）。そして近代的流通においても，スーパーマーケットからの品質要求に農家が応えるために緊密な連携が必要であり，公設市場で行われるようなその場限りの取引よりも，契約栽培などの複雑な取引が観察されやすい。逆に養豚業のような，売手と買手の資本統合を必要とする組織化（垂直的統合とも言う）はあまり見られないが，それは加工を前提としていないことが要因である（Reardon and Timmer, 2007）。なお，ジャワの野菜流通に関しては Hayami and Kawagoe（1993）や World Bank（2007）などの開発経済学に分類される研究例が豊富な点も指摘しておきたい。山間部などに住む市場アクセスの悪い小規

---

10) ただし，Geertz（1963）や Dewey（1962）などの文化人類学的研究が，パサールを商人と消費者の取引の場である小売市場に注目したのに対して，本書では商人同士の取引が行われる卸売市場に注目している点に違いがある。また，Geertz（1963）が実際に調査対象としたのは東ジャワのモジョクト（Modjokuto）という町のパサールであり，本書は東ジャワも対象地として含むものの同一の市場を調査したわけではない。

模経営農家にとって，所得補填に有効な現金作物が野菜であり，貧困削減の一手として期待されたのである（Nachuk et al., 2006）。

　本書の課題の具体化には，対象地の文脈を踏まえる作業が必要である。なぜなら伝統的流通は研究対象とする地域により状況が異なるからである（ケイナック，1993）。以下，インドネシアにおける流通革命の状況，産地における近代的流通の進出，そして卸売流通の状況を概観することで続く各章で取り組む課題を特定する。また，分析の基礎となる取引の分類についても概説する。

2.1　インドネシアにおける流通革命

　他の東南アジア諸国と同様に，インドネシアでも大規模小売の台頭が2000年代以降に生じた。その背景として高所得者を中心に近代的流通の利用が広まっており，また学歴が高く，食品の栄養情報に敏感で[11]，小売店の利便性に魅力を感じる消費者に選ばれている点が挙げられる（Minot et al., 2013）。しかし，インドネシアでは2016年以降，近代的流通の小売市場シェアが減少に転じているのである（図序-1）。さらに，2019年には国内大手スーパーマーケットのヘロー（Hero）が一部店舗を閉鎖する動きが生じている。もちろん，それはスーパーマーケット同士の競争が激しいことを示唆するものであるが，市場シェアの伸びが止まっている点もその競争の熾烈さに影響しているだろう。

　ではなぜ近代的流通のシェアが反転したのだろうか。外国資本のスーパーマーケットの場合には海外直接投資の規制が課された影響，もしくは消費者の所得が減少した影響が可能性として考えられるが，どちらもタイムラグがある要因でありそれだけで今のインドネシアの小売市場動向を説明できるわけではない。まず，海外直接投資の動向に関して言えば，その自由化を起点としてスーパーマーケットの途上国への進出が一般的には加速している（Reardon and Timmer, 2007）[12]。ところがインドネシアでは国内農業の衰退が危惧されたため，2007年度法令25号を嚆矢としてネガティブリストによる規制が順次発令された[13]。しかし，これらの規制が導入された時期は近代的流通のシェアが減

---

11)　ただし，ジャワにおいて近代的流通からの食料消費を増やすことが健康に繋がる頑強な証拠は得られていない（たとえばToiba et al., 2015; Umberger et al., 2015）。

12)　この規制が本書の議論に与える影響を避けるためにスーパーマーケットの進展が激しい地域を取り上げることで対応した。

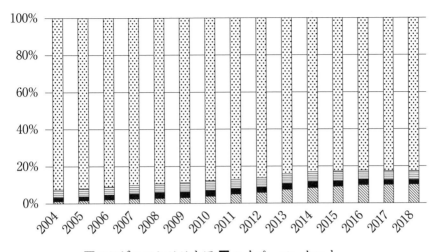

図序-1　伝統的流通と近代的流通の小売市場シェアの推移（2004年から2018年）

（注）近代的流通はコンビニエンスストア，スーパーマーケット，ハイパーマーケットで構成される。食料品・日用品を販売している小売店であり，売場面積400平方メートル以下の小売店をコンビニエンスストア，400 –2500平方メートルの小売店をスーパーマーケット，2500平方メートルを超える店舗をハイパーマーケットと区分している。伝統的流通における小売店（図中の「伝統的小売店」）は個人・家族経営で行われる非チェーン型の食料・日用品店を指す。なお，市場規模のデータには，2018年基準のドル建て実質価格（税抜）で計算されたものを使用した。
（出所）Euromonitor（2019）のデータベース。

少した2016年より10年近く前であり，直接的な要因とは言い難い。次に，スーパーマーケットを選ぶ消費者は所得水準が高い点から（Minot et al., 2013），2016年以降に所得が減少した可能性を検討したい。インドネシアでは信頼できる年次所得データが入手できないため1人当たりGDPで代替すると，2010年の3,122ドルから2019年の4,450ドルまで一貫して増加しているのである[14]。そのため所得変化で説明することもできない。したがって，伝統的流通の動態に

13）　たとえば，小売業におけるスーパーマーケットへの投資規制（2010年大統領令36号），産地進出の際に国内資本の取り込みを義務付ける制限（2014年大統領令39号）などである。同様に，タイ，マレーシアでも海外直接投資への規制が見られる。

14）　World Bank national accounts data（https : //data.worldbank.org/indicator/NY.GDP.PCA P.CD?locations=ID，2021年10月8日アクセス）。数値は2010年実質価格である。なお，2020年には4,312ドルに減少したが，これはCOVID-19の感染拡大の影響だと思われる。

何かしらの要因があると考えるのが自然であろう[15]。

　そこで本書はジャカルタ首都特別州とスラバヤ市というインドネシアの2大都市を取り巻く，都市近郊野菜流通を取り上げる。その中で，小売の背後に控える卸売流通，そしてその在り様を規定する小規模経営農家を取り巻く産地流通に着目する[16]。特に後者は，近代的流通と伝統的流通が交錯する小売以外のもう一つの地点であり，小規模経営農家を支えてきた伝統的流通がどのような変化を見せているかを把握する上で重要である。次節では，ジャワの野菜生産地において，近代的流通がどのような流通経路を形成しているかを概観し，課題を特定化する。

2.2　産地における伝統的流通と近代的流通の共存

　近代的流通の購買方法には，生産者との契約栽培，もしくは伝統的流通に頼る方法の二つがある。前者の契約栽培だけであれば図序-2左図のように近代的流通と伝統的流通は分離（並存）していると捉えることも可能だが，ジャワでは伝統的流通の卸売市場からスーパーマーケットが購買するケースも1990年頃に観察された。そして，2000年頃からは，スーパーマーケットへの販売に特化した産地在住の卸売業者（specialized supplier，以下 SS）から購買するようになったのである（World Bank, 2007; Reardon and Berdegué, 2008）。特にインドネシアのビマンドリ社は SS の代表的事例であり，このような卸売業者を介する点がインドネシアの近代的流通の特徴である[17]。そして SS は生産者との契約栽培を行う場合もあれば，産地商人から買い付ける場合もある（World Bank, 2007）。つまり，伝統的流通と近代的流通の産地の購買路は分離しているわけではなく，むしろ図序-2右図のように産地商人を介して共存しているのである[18]。

　このような複雑な産地流通の構造ゆえに，小規模経営農家が契約栽培をして

15）　同様の問題意識でパサールの近代化と消費者の関係性をテーマとした参考文献として倉沢（2013）を挙げておく。

16）　とはいえ，川下における消費者行動の近年の変化を詳細に追うことは依然として重要である点には留意したい。パサールか，スーパーマーケットかという小売業態への選好だけでなく，有機栽培品目やトレーサビリティへの認識を把握することも重要性の高い研究である。

17）　他国においても SS が機能している場合も報告されるが，インドネシアのように SS の重要性が強調されることはほとんどない。詳細は3章参照。

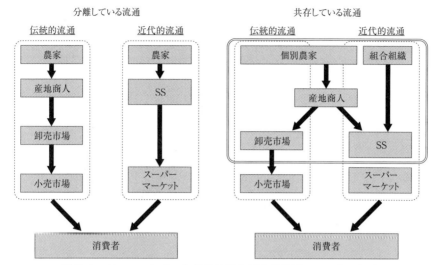

図序-2　ジャワにおける伝統的流通と近代的流通のチャネル概念

(注)　スーパーマーケットの購買路をここでは「近代的流通」と表記している。「卸売市場」は消費地にあること
　　　を想定しており,「産地商人」は産地の産地出荷市場で営業する商人も含めている。矢印は流通の向きを表
　　　している。点線内が流通主体の範囲を表している。二重線で囲まれた主体が研究対象である。
(出所)　筆者作成。

　いなくとも，産地商人を介してSSへと流通している場合があり，注目に値す
る。既に述べたように，小規模経営農家が契約栽培に適応することは難しく，
それゆえ小規模経営農家が市場から退出することが危惧されているが，伝統的
流通を介せば小規模経営農家も近代的流通への市場参加が可能なのである。
　そのため図序-3で言えば，「個別農家―産地商人―SS」の伝統的流通と，「組
合組織―SS」の近代的流通における取引の実態をそれぞれ明らかにし，複眼
的な視点から流通革命に対する伝統的流通の適応性を検討することが本書の第
一の課題である。前者について言えば，野菜生産を担う小農から産地の商人が
迅速に集荷を行うことにより，1990年代には既にジャカルタやバンドゥンな
どの大消費地への出荷が機能していた点がHayami and Kawagoe（1993）で

18)　本書では踏み込まないが，伝統的流通の川下でも両流通が交錯している可能性がある。たと
　　えば，川端（2007）は，タイ東北部の零細小売業者がスーパーマーケットから仕入れている実
　　態を共生関係として指摘している。また，筆者が本書のための調査でボゴールに滞在していた
　　時期，スーパーから購買したパンを使って露店が揚げパンを販売しているのを目の当たりにし
　　た。

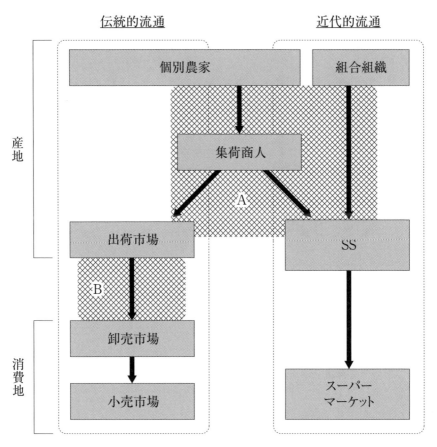

図序-3　本書が対象とする流通主体と取引の分析視角
（出所）筆者作成。

指摘されている。それによれば，産地の商人は経済発展による変化に対応している点で企業家精神（entrepreneurship）を持ち合わせており，産地の流通システムを一つの供給組織のように機能させていたのである。商人が企業家精神を持ち合わせているのであれば，近代的流通で見られる契約栽培を取り入れる可能性もあるだろう[19]。また，契約栽培を取り入れなくても，流通革命の進展とともに伝統的流通自体が変化している可能性もある（Vetter et al., 2019）。つまり，Hayami and Kawagoe（1993）による1990年代の状況を参照点として，農家にとって契約栽培の代替的な選択肢である商人との集荷取引を分析す

ることで，流通革命に対する伝統的流通の適応性を検討することが課題となる。なお，本書では「産地商人―SS」の取引についても言及するが，未だ伝統的流通が支配的なジャワ農村部において十分な観察はできなかったため，「個別農家―産地商人」の集荷取引を特に重点的に分析する。

　次に「組合組織―SS」の近代的流通に関しては，World Bank（2007）がジャワのSSと農家との間の契約栽培を報告している。具体的には，近代的流通が市場シェアを拡大し続けるとの想定の下で，アグリビジネス化のモデルケースとして契約栽培の実例を提示しているのである。しかし，2006年時点では予測しえなかった近代的流通の停滞を踏まえれば，契約栽培が継続されている可能性もあれば，取引形態に何らかの変化が生じた可能性も否定できない。そのため，このような契約栽培の時系列的な変化を追い，SSが行う契約栽培に対する伝統的流通の影響を明らかにする。つまり，近代的流通の視点から伝統的流通の変容を検討するのである。このように伝統的流通における集荷取引，近代的流通の契約栽培の両面を捉えることで複眼的に伝統的流通自体の発展過程を捉えることができるだろう（図序-3の網掛けAに相当）。

2.3　伝統的流通の中央卸売市場

　次に卸売流通で着目するのは中央卸売市場であり，産地出荷市場との卸売取引，および中央卸売市場の機能に焦点を当てる（図序-3の網掛けBに相当）。インドネシアでは地方州政府による公設市場への整備投資が行われているが，中国やインドに比べるとその額は小さい（Reardon, 2015）。そのような背景があり，タイやフィリピンの公設市場と比べてもより原始的な市場の姿を見せていた（小林, 1995）。しかし，インドネシアの卸売流通では，一大消費地であるジャカルタ首都特別州・西ジャワ州には中央卸売市場が設置されている[20]。また，2003年頃から主要な生産地に設置された産地出荷市場（インドネシア語でsub

---

19)　また，アジア通貨危機以前の農村織布工業に目を向けた水野（1999：13）は，グローバル化の波に直面する伝統的な織布流通における小商人の存続と持続可能性を検討しており，本書の問題意識と根底で通じている。そして水野（1999：365）は小商人が「しぶとく生き延び（農村織布工業が）発展して」いる様相を明らかにしている。

20)　公設市場（pasar）は各郡で一つ設置されているが，中央卸売市場の設置は州，もしくは県レベルの条例に基づいて設置されているため，2010年まで東ジャワ州では中央卸売市場はなかった。

terminal agribisnis）は産地商人だけでなく，SS が野菜の選別作業を行えるスペースが設置されており，伝統的流通を近代化するための試みが進められている。産地出荷市場は，産地商人にとって遠隔地の公設市場に出荷する際の起点となる市場であり，産地と消費地を繋ぐ卸売流通を観察できる。

　卸売流通の発展過程において，消費者の需要変化に対応できるように大規模な取引が円滑に行われることが中央卸売市場の機能として重要である。その機能については日本に関する農産物流通研究において膨大な蓄積があるため，その知見を援用するとともに，インドネシアの文脈から再解釈したい。生鮮青果物における卸売市場の機能としては，①買手と売手が納得できる適正な価格形成，②能率的な集分荷，③迅速確実な代金決済と必要に応じた信用供与が挙げられ（桑原, 1969：154），本書でもこれらの機能に着目する。これら3つの機能は文化人類学の見地からバザール型の卸売市場でも注目される点である。ジャワの伝統的流通を念頭に置いた Alexander and Alexander（1991）は，伝統的流通を「流通」，「商人」，「取引」の3つの観点から特徴づけている[21]。ここでの「流通」とは，地理空間的な市場間の分布とその流通機構を指しており，①に主に関係している。たとえば，Alexander（1987: 153-154）は中部ジャワの唐辛子流通におけるデポッ（Depot）と呼ばれる卸売問屋を事例として取り上げ，卸売商人による価格情報の集約と形成を指摘している。「商人」の観点とは，小売業者・卸売業者・仲買人などの商人の業態とその複雑な関係性に焦点を当てることである。その関係性として，卸売業者は産地から集荷し，卸売市場内で仲買人が小売に向けて分荷を行うことから，②に主に関連する。最後の「取引」は最も重要な観点であり，価格・量・品質などの各種の情報システムとして伝統的流通を捉えるのである。最も経済学に近い観点であり，取引に見られる商慣行などを分析するのに有効だ。たとえば，取引が履行されるように商人は信用供与を行い，全量引き渡しを実現させる場合もある[22]。「取引」の観点は全ての流通機能と関連するが，特に③と関係が深いと言えるだろう。

　本書が取り上げる野菜の場合は，繰り返しになるが腐敗性の高さが特徴であり，その物的特性や品質を評価し，産地価格と消費地小売価格に先行する価格発見機能（前述の①の結果，他市場の参照価格となること）と，円滑な取引が行

21）　Alexander and Alexander（1991）では peasant markets と表現されており，本書では伝統的流通と訳した。また「Trade・Trader・Trading」をそれぞれ「流通・商人・取引」と翻訳した。

われるための決済機能（前述の③）が重要である。全ての中央卸売市場の機能を実証的に検証することは難しいが，少なくとも継続的な取引履歴をもたない産地商人（川下であれば小売商人）が卸売市場取引に円滑に参加可能かを簡便に判別することはできる。具体的には，産地市場価格と卸売市場価格が同じように変動していれば，価格情報をシグナルとして市場参入できると言えるだろう。少し古い研究ではあるが，たとえばエヴィリスナら（1998）はジャカルタ首都特別州と西ジャワ州の中央卸売市場の市場価格が西ジャワ州の産地市場に与える影響は小さい点を指摘している。その状況が2000年代以降にどのように変化したかを明らかにすることが課題となろう。

さらに，このような価格情報のみを用いた分析だけでなく，中央卸売市場における商人の取引行動を現地調査で把握することも途上国の卸売流通の発展過程を理解するために重要であろう。具体的には，中央卸売市場としての前述の3つの機能（①適正な価格形成，②能率的な集分荷，③迅速確実な代金決済と信用供与）に対応して，どのように中央卸売市場内で価格形成が行われているのか，公設市場の商人が卸売業者・仲買人のように分業して野菜の分荷が行われているのか，そして決済・信用供与がどの程度行われているのか，という観点から検討することになる。

2.4　関係性を基準とした取引の分類

ここまで「取引」が何を指すかを明示的に示さずに課題を提示したが，ここでは流通の分析単位である「取引」の考え方を整理したい。上記課題へのアプローチは，（産業連関表を活用するなどして）流通全体をマクロ的な見地から分析するのではなく，産地や卸売市場で観察される取引を分析する。本書で取り上げる取引の詳細は各章に譲るが，ここでは売手と買手のあいだの関係性を基準とした取引の分類を説明する。

---

22) Reardon（2015）はこのような信用供与に基づく卸売取引の履行は，産地における商人による独占的行動を誘発し，農家を搾取すると捉えられる傾向があると指摘した上で，それを支持する実証研究は少なく，また中国，インド，バングラデシュ，ベトナムの米もしくはジャガイモ流通においては川上においてそのような信用供与はほとんど行われていないと主張している。さらに，卸売流通においては信用供与が一部見られるものの，それは頻繁に行われる取引関係の中で行われるものである。したがって搾取とまでは言えないだろう。

本書における取引とは，売手と買手との間で交わされる垂直的な契約を指す[23]。法制度が整備され裁判所による契約の強制的な執行が容易に可能な国では，契約違反を犯した場合に多くの金銭的損失が生じることが予想されるだろう。それを避けるために契約は自律的に履行される。しかし，途上国では裁判所が十分に機能しないため，契約を如何に履行させるかという取引の統治が必要になる。その統治方法の違いにより，スポット契約・関係的契約・（取引を内部化した）組織の3つの取引様式をここでは考える。まず一般的に馴染みの薄い関係的契約について Michler and Wu（2020）と同じ定義を用い，売手と買手の間で繰り返し行われる取引（repeated trading）により形成された，継続的な関係性により統治されるインフォーマルな同意と定義する[24]。売手（または買手）にとって，継続的な関係性により将来に渡って得られる利益の方が1回の裏切りで得られる利益より高いのであれば，裁判所による履行強制なしに自ら取引を履行するのである（これを取引の自己履行性（self-enforcing）と呼ぶ）。

　他方で，契約の履行を確実にするには，売手と買手間の継続的な取引に基づくもの以外に，農村社会で見られる共同体メカニズムや，商人同士による多者間の懲罰戦略（multiple punishment strategy）に拠るものがある。本書ではこれらのメカニズムも一部機能していることを認めるが，関係的契約は垂直的な売買関係により履行されることを前提とする。例えば，速水（2006）はジャワの広域野菜流通で取引が履行される要因に，産地における集荷商人と農家の共同体メカニズムを挙げている。共同体は閉鎖的な村社会であり，取引における詐欺行為はすぐさま噂となり，村八分などの制裁が加えられる。本書も産地流通取引の履行において共同体メカニズムの重要性を認識しているが，ジャワでは都市部への労働移動が活発化しており，共同体メカニズムの効力は薄れている[25]。次に，11世紀の地中海における遠隔地貿易で多者間の懲罰戦略が用いられたことがグライフ（2009）により良く知られている。当時の遠隔地貿易では，

23）　本来，取引はもっと広い概念であり，保険契約における保険会社と加入者の関係，労働契約における雇用者と労働者の関係，そして投資家と起業家との関係などの分析単位でもある。

24）　大野（2017）は Baker et al.（2002）の定義を採用しており，関係性の要件を入れていない点で本書よりも若干広義であるが，関係性の強さで契約を分類しようとする狙いは同じである。なお，定義を狭めたのは，農業分野における契約の特徴である，取引の継続性（Wu, 2014）を強調したためである。

25）　ただし，3章の一部で契約栽培の継続性を分析する際には，共同体関係を前提とした村内における評判を失うリスクを考慮した分析も試みている。

商人は現地で代理人を雇用して取引を行っていたが，不正を働いた代理人の情報が商人間で共有されており，過去に不正を働いた代理人とは契約しないことがこの戦略の肝である。つまり，多者間で代理人への懲罰を行うことで，代理人の正直な行動を引き出し，取引を履行させていたのである。しかし，ジャワの伝統的流通において，商人の組合組織は観察されるものの，不正を働いた商人の名を掲示するなどしてその情報を公示してはいない（5章でこの点に触れる）。以上から，取引当事者以外による取引の統治を原則的に取り扱わないこととした。

　次に，継続的な関係性が最も弱い契約がスポット契約である。継続的な関係性に頼らず，（相対した現場で）取引に同意してから財の受け渡しと決済を即座に終わらせることで取引を統治する。産地流通および卸売流通において頻繁に観察される取引であり，現金払い取引とも呼ぶ。ここで，現金払い取引の分類は存外難しいことに触れたい。たとえば，日本を代表する水産物市場だった築地で観察される取引もスポット契約に見えるが，築地を支えていたのは馴染みの取引相手との緊密な関係性であり，関係的契約と言及される（ベクター，2007：367-368）。同様の観点から，池田（2011）はジャカルタの青果物中央卸売市場における卸売取引全般の関係的契約としての特性に注目している。さらに極端な見方をすれば，マクニール（2015）はスポット契約も関係的契約であると述べている[26]。しかし，それでは統治方法と取引様式の対応関係が複雑となり現実への応用が困難であるし（Williamson, 1986），各取引間における関係性の程度を客観的に把握することも実際には中々困難である。そこで本書では分析上，産地流通及び卸売流通における現金払い取引を，関係的契約ではなくスポット契約に位置付けることにした。そして，卸売流通においては現金払い取引以外に委託取引など，価格決定・財の受け渡し・決済のタイミングが一致しない売買方法もある。それらは日々の継続的な取引により履行されていると考えられるので，関係的契約に分類した。

　最後に，継続的な関係性が最も強い契約が組織である。これは2者間で取り

26）　マクニール（2015：96）はスポット契約を単発的契約（discrete contract）と呼び，「（現物取引などの）財の単純な交換以外に，当事者間に（義務）関係が存在しない契約」と定義している。そして，現金払い取引であっても，社会基盤を必要としている以上（取引の当事者にとって理解可能な意思疎通の方法，殺人や盗みをせずに交換を行うための秩序ある体制，一般的な貨幣制度），そこには関係が存在していると捉えている（マクニール，2015：38-39）。

表序-1　本書で取り上げる売買方法とその取引様式の分類

取引様式	売買方法	
	産地流通	卸売流通
スポット契約	現金払い取引	現金払い取引
関係的契約	収穫請負契約・契約栽培	委託取引
組織	農民グループ・組合	

（出所）筆者作成。

交わされる契約の代わりに両者の資本統合などにより組織化することで，いわば契約を内部化して統治する方法である。農産物流通の場合は農協組合（agricultural cooperative organization）がその代表例と言えよう（Valentinov, 2007; 浅見, 2015：14）。たとえば SS への出荷計画が確実に履行されるように，（農家を兼務する）商人が主体となって小規模経営農家を集めた組合組織を形成する場合である。日本で言えば販売を担う農協共販が該当し，中国であれば一部の合作社を例に挙げることができる[27]。Otsuka et al.（2016）のレビューによれば，小規模経営農家は農協組合，ないし自助グループを形成することで契約栽培に参加できることが多くの途上国で報告されている。SS が個別農家と契約する場合，生産作業を監視および指導する費用が SS にとって大きな負担となるが，組織によりその取引費用を低減でき，また SS が求める高品質な作物を計画通りに供給できるのである。実際，ジャワにおいても契約栽培の受け手として組合組織の形成が観察される（World Bank, 2007）。

　以上，取引当事者間の関係性が最も弱いスポット契約と最も強い組織を両端としたスペクトルの中で，本書で取り上げる主要な売買方法を整理した。まず形式的に最も分類が容易なのが農民グループと組合組織であり，組織に分類した。そして，産地で見られる農家と商人の間の収穫請負契約・契約栽培・卸売流通における委託取引などを関係的契約に分類した（表序-1）。流通の各地点で商人もしくは農家に選択される取引形態の中で，スポット契約と見なせる現

27）　浅見（2015：14章, 15章）は日本の農協組織，中国の合作社内部における組織デザインを分析しているが，本書ではそのような分析を行っていない。3章でジャワの農協組合的な組織（農民グループなど）に触れるが，その内部取引に焦点を当てるのではなく，SS との間の取引に着目しているからである。

金払い取引よりも相対的に強い関係性を要する売買方法だからである。

　なお，契約栽培で行われる売買方法については，生産契約（production contract）と販売契約（marketing contract）の2つがある（MacDonald and Korb, 2011）。生産契約は農家と買手（商人やSS）の間で交わされる生産過程にまで踏みこんだ同意である。たとえば，買手は農家が手に入れられない肥料や種子などの生産要素を提供することもあれば，財政的な援助を行うこともある。他方で，販売契約は生産物の販売に関する同意であり，価格・取引量・出荷のタイミングなどが定められる。しかし買手が生産過程に介入することはない。生産契約では農家と買手の間における垂直的な調整過程を明確に観察されることができるため，一般的には生産契約を契約栽培とみなすことが多い（例えば，Bellemare and Bloem, 2018; Ton et al., 2018）。その点で，ジャワの野菜栽培で生産契約が導入された事例を報告している World Bank（2007）は本書にとって重要な参照点となる（3章で取り上げる）。しかし，本書で取り上げる国内向け野菜の契約栽培においては，一般的に販売契約が観察されることが多いのである。理由の一つとして，輸出向けの野菜栽培・養豚・養鶏に比べて，品質や安全性への要求が厳しくない点が挙げられる（Otsuka et al., 2016）。つまり，買手側の要求の強さによって契約栽培の売買方法は変わるのであり，買手としてSSや農業企業だけでなく，産地商人の存在も考慮して契約栽培の在り様を検討することが1つ目の課題の切り口である。

3. ジャワにおける流通調査の概要

　本研究の調査において最も重要なことは伝統的な商人の業態と所在地を特定することである。商人の認可制が導入されていない状況下で，産地と消費地の間で偏在する商人を網羅的に見つけ，特定することは難しい作業だからだ。そのため Hayami and Kawagoe（1993）では，まず産地で農家から取引先の商人を特定し，消費地までの流通を把握する手法が採用されている。本書においても産地商人に関しては農家の取引先から商人の特定を行っているが，それ以外の方法も併用している。具体的には，前述のように流通政策の一環として整備が進められている産地出荷市場に着目し，消費地へと販売する商人を特定した。また，市場で店舗を構えていない産地商人については，公設市場で営業し

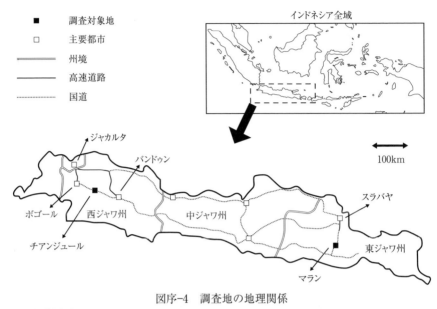

インドネシア全域

■　　調査対象地
□　　主要都市
═══　州境
───　高速道路
……　国道

100km

ジャカルタ
バンドゥン
ボゴール　西ジャワ州　中ジャワ州　スラバヤ
チアンジュール　　　　　　　　　　東ジャワ州
マラン

図序-4　調査地の地理関係

（出所）筆者作成。

ている商人の購買元と前述の農家の取引先の二つの情報源から産地商人を特定した。他方で，卸売流通に関しては消費地の代表的市場を選択した。産地商人の販売先に該当する消費地の公設市場は多く，全てを網羅することは難しい。そこで，産地商人の多くが販売先とする中央卸売市場に的を絞り，調査対象とした産地に近いジャカルタ首都特別州・西ジャワ州・東ジャワ州の中央卸売市場を対象とした。

　上記では中ジャワを除外しているが，調査地を大きくジャワ西部（ジャカルタ首都特別州と西ジャワ州）とジャワ東部（東ジャワ州）に分けて，その地域差も一つの分析視角とすることで伝統的流通の発展を捉えることを狙いとしている（図序-4参照）。ジャワ西部では大消費地の消費者と小売市場の変化が産地にも影響していることが想定されるため，より流通革命の影響の強い地域である。ただし，両地域で比較可能な同一種類のデータが得られなかった場合も多いため，西ジャワ州の事例を基本として各章で議論を行っている。

　上記の中央卸売市場の商人・産地の公設市場の商人・産地の商人・農家に対して2008年1月から2012年10月にかけて断続的に質問票調査を行った。また，2018年8月にジャカルタ首都特別州のクラマッ・ジャティ中央卸売市場

表序-2　本書の現地調査一覧

データ番号	データを使用した章	調査時期	調査地点	対象者	個票数
1	1章	2012年8-10月	西ジャワ州チアンジュール県パチェッ郡	農家と取引する商人	12
2	1章	2012年7-8月	東ジャワ州マラン県プジョン郡	農家と取引する商人	4
3	1章	2012年7-8月	東ジャワ州マラン県プジョン郡	村内を拠点とする商人	7
4	1章	2013年3月	東ジャワ州マラン県プジョン郡	集落内を拠点とする商人	6
5	1章, 2章	2012年7-8月	東ジャワ州マラン県プジョン郡	集落構成員	137
6	1章, 2章	2012年8-10月	西ジャワ州チアンジュール県パチェッ郡	農家	73
7	3章	2019年8月	西ジャワ州バンドゥン県	SS, 農業企業	4
8	5章	2012年8-10月	西ジャワ州チアンジュール県パチェッ郡	STAの商人	7
9	5章	2012年8-10月	西ジャワ州チアンジュール県パチェッ郡	公設市場の商人	8
10	5章	2011年11-12月	東ジャワ州マラン県プジョン郡	STAの商人	30
11	5章	2012年7-8月	東ジャワ州マラン県プジョン郡	STAの商人	2
12	5章	2011年11-12月	東ジャワ州スラバヤ市のクブトラン市場, 同州シドアルジョ市のプスパ・アグロ市場	公設市場, 中央卸売市場の商人	40
13	5章	2011年11月-2012年1月	ジャカルタ特別州のクラマッ・ジャティ市場, 西ジャワ州バンドゥン市のチャリンギン市場	中央卸売市場の商人	60
14	5章	2011年11-12月	東ジャワ州マラン県のバトゥ市場・カランプロソ市場・ガダン市場	公設市場の商人	60
15	5章	2018年8月	ジャカルタ首都特別州のクラマッ・ジャティ市場	中央卸売市場の商人	3

(注)　No. 5のうち農家は98軒である。「STA」は産地出荷市場の略称である。4章で使用した価格データは筆者が各市場の管理事務所を訪問して収集しており，表には含めていない。なお，2008年1月・9月・2009年11月にジャカルタ首都特別州のクラマッ・ジャティ市場で試験的な調査を行っているが，表中には含めていない。
(出所)　筆者作成。

で追加調査を行い，さらに2019年8月に西バンドン県レンバン郡でビマンドリ社などのSSへの聞き取り調査を行った。最終的に，聞き取り調査の対象者数は農家171軒，商人232名（SSは除く）である。調査対象者の選定はランダムサンプリングではなく，可能な限り全数調査で行った。そのためジャワ島全般を対象とする一般的知見にならない点は弱点ではあるが，調査地における流通の多様性を踏まえると，むしろ事例研究とした方が伝統的流通の正確な理解が得られると考えたのである[28]。なお，質問票調査の前に産地の商人の動向を把握するために半構造的な聞き取り調査を行っている。これらの調査概要は表序-2に示した通りである。調査地の詳細な概要と調査方法の詳細は以降の各

章で述べることとする。

4. 本書の構成

　本書は次の1章から5章までに加え，6章を結論とした構成である。1章から3章までは産地流通を対象とし，4章と5章で卸売市場流通を分析対象としている。また，3章と5章では，産地流通と卸売市場流通それぞれの問いに対する総合的な考察を行っている。以下では，本書の理解の一助として，1章から5章までの概要を述べる[29]。

　1章では，産地出荷市場を設置することで伝統的流通の整備が進められている地域を対象とし，2.2で述べた「個別農家―産地商人―SS」の取引を分析する。具体的には，この産地流通の中心に位置する集荷商人の取引が，流通革命以降にどのように変化したか明らかにする。また，産地出荷市場に店舗を持つSSに着目し，契約栽培に頼らず集荷商人を経由することで購買している実態を明らかにする。なお本書は「流通革命下における伝統的な産地流通取引の変容――ジャワ島2村における野菜流通の事例」（『アジア研究』64巻4号）を大幅に加筆修正したものである。

　2章では「個別農家―産地商人」の取引で観察されるトゥバサン（tebasan）と呼ばれる収穫請負契約に着目し，その販売契約としての仕組みを理論的・計量的に明らかにする。1章で詳述しているが，調査地の商人がトゥバサンによる集荷を行いSSへと野菜を販売している点に着目し，スーパーマーケットからの要求に応えることができる要素が，収穫請負契約の販売契約としての特徴に含まれるかを検証する。

　3章では2.2で述べた「組合組織―SS」に焦点を当て，World Bank（2007）で報告されたSSと農業企業が行っていた契約栽培が現在に至るまでにどのよ

---

28)　たとえば，同じ西ジャワ州であっても，1章と2章で対象とするチアンジュール県と，3章で対象とする西バンドン県では産地の状況がかなり異なる。そして，計量的な分析を切り捨てているわけではなく，むしろ質的・量的分析の両面をバランス良く行うことを目指した。

29)　本書は東北大学大学院農学研究科に2015年3月に提出した博士論文「経済発展下における伝統的青果物流通の展開――ジャワにおける大都市へ向けた野菜の集荷・卸の変容」を元にしている。しかし出版に際して，章立ての変更やフォローアップ調査による追記を行っており，全編を大幅に加筆修正している。

うに変化したかを明らかにする。SSと農民グループ間での取引を理論的に分析したうえで，契約栽培の成功および失敗事例の分析を行う。また，1章と2章の結果を踏まえ，産地においてなぜ伝統的流通が持続しているかを総合的に考察する。

4章では，産地出荷市場および消費地に建設された中央卸売市場から取得した価格データを使用して，卸売市場間の「市場統合」の有無を検証する。卸売市場取引をスポット契約と仮定し，商人が市場間の価格差に敏感に反応しているかを検証するのである。また，産地の変容に大きく影響を与えると思われる中央卸売市場の価格発見機能に関する検討を行う。なお本章は「インドネシアの中央卸売市場流通における農産物市場統合の再検討」（『国際開発研究』28巻1号）の前半部を加筆修正したものである。

5章では，中央卸売市場の商人に着目し，卸売市場制度が未整備なままでどの程度発展しているかを卸売市場の機能の面から検討した。ジャワ西部の中央卸売市場ではインフォーマルな市場制度が存在し，中央卸売市場として求められる価格形成および代金決済機能を持つ点を明らかにする。また，4章で卸売流通において市場統合が確認されなかった要因を商人の取引行動などから検討する。最後に，パサールから中央卸売市場の発展過程を，タイやフィリピンの事例に触れつつ総合的に考察する。なお本章は「インドネシアの中央卸売市場流通における農産物市場統合の再検討」（『国際開発研究』28巻1号）の後半部を大幅に加筆修正したものである。

なお，本書はJSPS科研費「伝統的取引から近代的市場取引への遷移メカニズム：インドネシア農産物流通の事例（課題番号：12J10020)」・「インドネシアにおける契約農業の持続的発展：在来商人の企業家的特性に着目して（課題番号：19K15917)」・「東南アジア諸国の食塩摂取量およびコールドチェーンが国民健康改善に及ぼす影響の評価（課題番号：19KK0166)」の研究成果の一部である。

第 1 章

産地流通取引の変容

はじめに

　産地の伝統的流通を対象とした研究は数多く存在しており，特にグローバリゼーション下における流通市場の発展とそれを支える農村内の商慣行に関する研究蓄積は豊富である（たとえば，Hayami and Kawagoe, 1993; Hayami and Kikuchi, 1981；藤田，1990；諸岡，1995；米倉，1986）。本書で取り上げるインドネシアに関して，グローバリゼーションの進展に適応する新興野菜流通における商人をHayami and Kawagoe（1993: 171-173）が評価しており，小規模ではあるが農家と兼業している商人，そして産地を統括している商人が市場の不完備性——銀行借入などの金融機関へのアクセスが制限されることや，安価に肥料や種子の購入ができないこと——を補完するように機能している点を指摘している。しかし，グローバリゼーションの一端が流通革命という形で表出している現在，産地における伝統的流通とその商人行動の実態を描写した研究蓄積は十分とは言えない状況にある。

　本章では，流通革命に晒される伝統的な産地流通の臨界的変化を明らかにする。ジャワ島内でも比較的市場整備が進んでいる地域を調査対象とし，また経済成長とともに生産を伸ばしてきた農産物である野菜の流通に着目した。そして2012年に行った現地調査から得た商人の経営データと農家の家計データを分析し，また特徴的な商人の事例の描写を行っている。

　本文に先んじて本章の貢献を述べるならば，流通革命の下で契約栽培を取り入れられない農家が即座に市場から退出するわけではない点を具体的に描写した点を挙げられる。伝統的な産地流通における商人の競争性の高まりとブローカーの減少のもとで，機能を変えながら用いられる伝統的な集荷方法が，農家の市場参加を支えているのである。

　本章の構成は次の通りである。まず，次節で調査地の概要を述べる。次に調査地における野菜流通取引を概観し，近代的な大規模小売企業の台頭から10年以上が経過した産地流通の実態を現地調査から定量的に明らかにする。続く節で伝統的な流通の主体に着目して産地流通の変容を描写し，また大規模小売企業への販売に特化した産地のサプライヤーであるSSの事例も含め，現状の産地流通の展開を検討する。

1. 産地流通の調査

1.1 調査対象の集落の選定とデータ

　産地の流通の変化を捉えるために，消費地の小売市場の競争の影響を強く受けている地域を選定する必要がある。そのために，2003年から設立が始まった産地出荷市場の近隣の集落を選定した。なぜなら，産地出荷市場は，ジャカルタ首都特別州・スラバヤ市などの大消費地にある公設卸売市場への出荷，また産地での価格形成の場となることを目的として設立されており，消費地の野菜供給源と見なされる地域に設置されているからである。

　2012年8月から10月にかけて西ジャワ州チアンジュール県パチェッ郡チヘラン村（Desa Ciherang）のブニアガ集落（Kampung Buniaga）・バロス集落（Kampung Baros）の2集落の農業を営む家計および商人を訪問し，聞き取り調査を実施した（以下，C村と略す）。また，2012年7月から8月に東ジャワ州マラン県プジョン郡タワンサリ村（Desa Tauangsari）のングブロン集落（Dusun Ngebrong）でも同様の調査を行ったが，こちらは集落の全数調査を行っている（以下，T村と略す）。C村の近辺に，ジャカルタ首都特別州のクラマッ・ジャティ中央卸売市場（Pasar Induk Kramat Jati）へ流通しているチゴンボン産地出荷市場（Sub Terminal Agribisnis Cigombong）と，その近隣の公設市場であるチパナス市場（Pasar Cipanas）がある[1]。また，T村の近隣にはマントゥン産地出荷市場（Sub Terminal Agribisnis Mantung）がある。これらの産地出荷市場では，近隣の産地および消費地の市場価格と取引量の情報が市場の管理事務所で入手可能なうえ，一部はインターネット上に公開されており，商人による利用は容易である。

　C村のバロス集落のうち幹線道路の西側地域を調査対象地に選定した。事前に入手した住民台帳を再調査して判明した全409戸中，農業を営む41戸を全数調査し，結果的に40戸のデータを取得した。また，バロス集落とは幹線道路を挟んで反対側に位置するブニアガ集落では，6つの隣組（インドネシア語でrukun tetangga，以下RTと記載）を調査対象とし，同様に全597戸のうち農

1）　これらの公設市場の詳細については4章，5章で述べる。

図 1-1　西ジャワ州チヘラン村（C 村）の周辺地理

（出所）筆者作成。

業をしている 59 戸に対して全数調査を行なった。しかし，研究資源の都合から日中にのみ家庭訪問したため，調査対象者が不在の場合が多かった。その結果として 33 戸のデータを取得するに留まった。T 村では，幹線道路から約 8 キロ離れた周辺から隔離された集落を対象に 137 戸の全数調査（うち農家は 98 戸）を行い，データを収集した。この集落の調査後に伝統的流通の商人のリストを作成した上で探索し，両地域で 36 名の産地商人のデータを収集した。

1.2　調査地の農業，商業の概要

西ジャワ州チアンジュール県と東ジャワ州マラン県は共に高原地帯で野菜生産が活発な地域である。2012 年の段階で C 村は 3596 世帯 1 万 4995 名から構

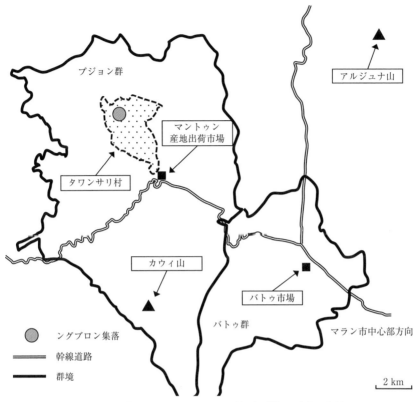

図1-2　東ジャワ州タワンサリ村（T村）の周辺地理

（出所）筆者作成。

成され，村落面積は769ヘクタールであり，そのうち農地は355.2ヘクタール
で主に野菜の栽培に使用されている。特に人参と白菜の栽培が盛んであり，人
参は年3回，白菜は年4回栽培するのが一般的である。また，特にC村のブ
ニアガ集落ではセロリの生産が活発であった。農家は約200戸あり，その他の
世帯は主に短期賃金労働者もしくは自営業者である。また，C村では農家の割
合が全体的に少ないが，それは観光業や建設業が盛んで農業以外の労働機会が
豊富な地域だからである[2]。他方でT村は3,302世帯1万3,274名から構成さ
れ，村落面積は770ヘクタールであり，農地の面積は不明だが主に野菜生産が

---

2) チアンジュール県農業省，商業・工業省，パチェット郡農業技術指導事務所（balai penyuluhan
pertanian），C村の村長，各RTの長に対して行なった2012年8月下旬の事前調査より。

活発に行われている。

　C村からジャカルタ首都特別州までと，T村からスラバヤ市までともに100キロ程度の距離にあり，消費地—産地の空間的な位置関係はほぼ同じである。また，産地出荷市場の設備の質は両村でほぼ同じ条件であるが，産地流通の要となる近隣の公設市場へのアクセスは両村で異なる。すなわちC村の方が公設市場へのアクセスが良いのである。この市場へのアクセスの違いに応じて生産体制も異なることから，結果的にジャワ農業の多様性を調査村から垣間見ることができよう[3]。具体的には，C村は市場までのアクセスが良く，生産技術も高いことが想定される地域である。C村の両集落でスーパーマーケットやレストランへ販売する農民グループが存在しており，農家との取引ではなく自身で農地を保有し，農業労働者を雇用する方式をとっている[4]。一方で，T村は市場までのアクセスは悪いが，野菜生産が活発な地域である。SSに販売している商人が1名いたが，当該調査の7ヶ月後（2013年3月）に再調査した際には商人としての活動自体をやめていた。また，農民グループは主に生産技術の指導を目的として設置されており，共販機能は持っていない。そのため，スーパーマーケットとの取引がほとんどない市場環境である。

2.　産地流通取引

2.1　商人の分類

　まず生産地で活動する商人を類型化するため，その販売先にあたる商人の居住地で分類した（図1-3参照）。ジャカルタやスラバヤなど大都市向けに営業している商人へ販売しているか，それとも近隣消費地向けに営業している商人へ販売するかでは，産地の商人が直面する市場環境が異なるからである。具体的

---

3)　ただし，ランダムサンプリングではないことから，西ジャワ州，東ジャワ州の野菜農家の一般的な特徴を表しているわけではない点には注意されたい。
4)　本章（および2章）では伝統的な商人と農家の取引関係に焦点を当てたため，企業と取引している農家は調査対象から外している。しかし，本章の後半部でこの農民グループの活動事例を取り上げた。

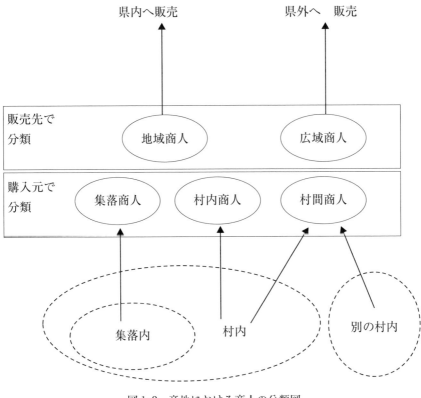

図1-3　産地における商人の分類図

（出所）筆者作成。

には，販売先の商人が調査村の属する県（kabupaten）の外を拠点としている場合を「広域商人」とし，県内を拠点にしている場合は「地域商人」と分類した。他方で，産地内での商人間の取引を概観するには，商人の購買元から類型化した方が細かい実態把握が可能である。そのため，空間的な購買範囲から，集落内から購買する商人（集落商人），集落外かつ村内から購買する商人（村内商人），村外ないし複数の村から購入する商人（村間商人）の3種に分類した[5]。そのため，集落商人・村内商人・村間商人の順で集荷の空間的規模が大きいと理解してかまわない。また，村間商人は産地の公設市場で営業していることを

---

5)　なお，購買元が商人の場合，本来であればその商人の購買元，さらに遡って農家まで特定すべきであるが，データの制約上難しい。そこで，購買元の商人はその活動拠点が所在する村内の農家から購買したものと想定して区分した。

表1-1 調査対象の産地の商人の分類（人）

地域	商人のタイプ	購買元		購買範囲			総計
		農家	商人	集落内	村内	村間	
C村	広域商人	6	8	3	6	10	14
	地域商人	6	2	4	1	3	8
	合計	12	10	7	7	13	22
T村	広域商人	7	2	1	1	9	8
	地域商人	6	1	1	2	3	6
	合計	13	3	2	3	12	14

(注) C村には4名のチバナス市場の商人，8名のチゴンボン産地出荷市場の商人を含む。
　　　T村には4名のマントゥン産地出荷市場の商人を含む。また，購買元，購買範囲で分
　　　類した際に延べ人数で計上しているが，「総計」は実人数を表している。
(出所) 現地調査より筆者作成。

想定しており，広域商人の集合とかなり重なる。なお，本書では商人とブロー
カー（broker）を区別している。ブローカーは，農産物の運搬・保管・決済に
おける前払いに関するコストなどを負担しない点で前述の商人とは異なる。ブ
ローカーは売手と買手を仲介して得られる手数料を目当てにしており，Minten
et al.（2012）が指摘するようにインドの卸売市場でも見られる業態である。

　このような分類に従い，商人間で取引が存在するか否かを判定する。本来で
あれば，聞き取り調査をした商人の取引先（販売先，購買元）を個人名まで特
定し，さらに聞き取り調査をすることが必要であるが，研究資源の制約上，十
分なデータを得ることができなかった。そこで次善の手段として，次の基準に
より判定した。まず，相対的に経営規模の大きな商人が集中している産地出荷
市場の商人の購買元の特定に注力した。産地出荷市場の村間商人が地域内の商
人から購買している点に注目し，産地内の商人間取引の有無を確認したのであ
る。そしてダブルチェックの形で，（産地出荷市場および市場外で営業している）
集落商人もしくは村内商人の販売先が調査村に隣接する産地出荷市場か公設市
場だった場合，もしくは調査村を含む県内の公設市場であった場合に（この販
売先の商人は村間商人と仮定），集落商人（ないし村内商人）と村間商人との間に
取引が存在するとした。そのため，集落商人と村内商人間の取引に関しては特
定の場合を除き直接的な確認はできていない[6]。以上の調査対象とした産地商

---

6) 調査票では主だった取引先を購買・販売の両面で3名まで聞き取り調査をしているが，調査
　村では多数の商人が営業しており特定できない場合が多かったからである。

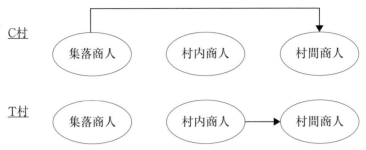

図1-4　C村とT村における産地商人間の取引関係の有無

（出所）筆者作成。

人の概要を表1-1にまとめた。

　次節では，このように取引の存在を確認したのちに，その商人間で信用供与が存在しているか検討する。一般的な農産物流通では，村間商人・村内商人・集落商人の間ではインフォーマルな資金貸借関係として信用供与が行われるが，農家と商人の間ではほとんど信用供与は見られない（Hayami and Kawagoe, 1993: 73）。しかし，野菜に関してはその腐敗性の高さから迅速な取引が重要であり，商人は肥料・種子などの現物を農家に供与するなどで関係性を強め，商人と農家による組織的な流通市場への対応が指摘された（Hayami and Kawagoe, 1993: 127）。このような1990年頃の産地流通がどのように変容したか，地域間の差異を考慮しながら検討するのである。

2.2　商人同士の取引における信用供与

　まず，西ジャワ州の調査村C村の流通取引を概観する（図1-4上部）。産地公設市場の商人を購買元から分類した結果，12人中9名が村間商人に分類され，うち6名が商人から購買し，3名が農家から購買していた。そのため，産地内で商人間取引があると言える。そして集落商人と村内商人の販売先を検討すると，集落商人は産地公設市場の商人との取引があったため前述の判定基準から，集落商人と村間商人の間で取引されていると言える。一方で村内商人は村間商人との取引が見られず，農家から直接購入し県外消費地の公設市場に販売していた。次に，取引が確認された集落商人と村間商人の間における信用供与による取引関係を確認する。まず売り手である集落商人の販売時の決済方法は即金決済が3人，後払いが1人であり，後払いの決済期日も1日から2日と

短いことから，決済における信用供与はほとんど行われていないと推察される。この点は買い手である村間商人の購買時の決済からも確認された。公設市場に居住する村間商人の購買時の決済は，即金払いが4人，後払いが7人であり（重複1名含む），後払いの決済期日はまた1日から2日と短かった。そして，集落商人と村間商人の双方で資金の貸借関係も観察されなかった。すなわち，商人間の取引関係において決済における短期的な信用供与は行われているとしても，資金貸借による信用供与は行われていなかったのである。

　T村でも同様に商人間の取引は観察されたが，（集落商人ではなく）村内商人と村間商人の取引関係が観察された（図1-4下部）[7]。まず，産地出荷市場で営業している村間商人のうち4名中2名が村内商人（および村間商人）から購入していた。逆に，村内商人のうち3名中2名が村間商人（公設市場に居住）に販売し，1名が都市の卸売商人に販売していたのである[8]。その決済は即金決済が2名で後払いが1名だったものの，決済期日は翌日であった。また買手側の村間商人も即金決済であることが確認された。そのため，村内商人と村間商人との間ではC村と同様，決済による信用供与はほとんど行われていないと推察される。さらに資金貸借関係を検討すると，運搬に用いる自動二輪車を購入していた村内商人は村間商人からの借入ではなく，銀行借入により購入していた。また，公設市場で営業している村間商人は村内商人への資金貸借を行っていなかった。

　以上の観察から集落・村内・村間商人の取引関係に地域差が確認されたが，両調査地で共通している点は，商人間の取引は確認されるものの，そこで信用供与はほとんど見られない点にある。Hayami and Kawagoe（1993）で指摘された商人間の組織的な特性は弱まっていると言える。

---

7)　ただし，調査上，集落商人と判定されていた商人と村間商人との取引も確認されていた。しかし，集落商人のサンプルのうち1名がSSへ販売しており，村間商人への販売を主体にしているわけではなかった。また後述するようにSSは規模の小さな商人から集荷し，スーパーマーケットが定める基準を満たすように作物の選別・洗浄・包装を行ったうえで決められたスケジュールで搬入するため，高い管理能力を必要とされる（Nachuk et al., 2006）。最後に，残り1名の集落商人は取引先による分類では集落商人に該当したが，その実態はブローカーであった。

8)　しかし，公設市場外で営業する村間商人8名全員が農家ないしブローカーから購入しており，村内商人との取引は観察されなかった。そのため，商人間の取引はたしかに存在するが，それが農村内の主流の流通チャネルであるかは確かでない。なお，村内商人が集落商人と取引している可能性も検討したが，村内商人の購買元は3人中3名が農家と取引しており，取引は観察されなかった。

2.3 商人と農家の取引

　商人と農家の取引関係のデータを概観する前に，ジャワ農村で見られる伝統的な商慣行に触れたい。伝統的な商人が農家と行う取引は，販売先を決める時期によりイジョン（ijon）・トゥバサン（tebasan）・現金払い取引の３つに分類することができる。イジョンとは，生産開始前に農家と商人の間で販売契約が結ばれ，商人が生産投入物への投資を行う取引である。肥料や収穫労働力は商人から適宜提供されるが，決済は商人への受け渡し後に行われる。農家の販売契約の中でもイジョンは割安な取引価格となるが，生活が逼迫した現金需要の大きな農家が行う取引だとされる（Collier and Wiradi, 1973）。従って，商品作物である野菜の生産現場ではあまり見られないことが予想される取引である。ただし，イジョンは金融市場へのアクセスを制限された小農に対するインフォーマルな金融制度として捉えられる（Partadireja, 1974）。トゥバサンとは，収穫前に販売契約が結ばれ，収穫・輸送を商人が行う収穫請負契約であり，ジャワの稲作や野菜などでよく見られる（Hayami and Kawagoe, 1993: 51-52）。Collier and Wiradi（1973）はジャワの稲作でトゥバサンが用いられるようになった要因として収穫労働に係る費用に着目しており，バウォン（bawon）と呼ばれる村内から募った収穫作業への参加者へ現物で対価を支払う方法よりも，トゥバサンで商人に雇用された労働者に支払う対価の方が安価であった点を挙げている[9]。しかし，野菜などの商品作物に関しては Hayami and Kawagoe（1993: 51-52）が指摘したように，そもそもバウォンが無かった地域もあることやトゥバサンをしない場合であっても商人から収穫労働者を借り入れる場合があることから，割高な収穫費用を回避するためだけにトゥバサンが使われていたわけではない。むしろ，農家が商人に販売する際に，商人から低品質な作物を取引対象から除外されることや買い叩かれることを防ぐための費用や，決

---

9)　なぜ割高な労働賃金を支払うバウォンが稲作で用いられていたかといえば，当時は村内の労働者が増加したにも関わらず外部の労働市場へのアクセスが難しい状況にあり，農家の社会的義務（social obligation）により村内の労働者を雇用せざるを得なかったからである（Collier and Wiradi, 1973）。そこに商人が介在することで，農家を社会的義務から解放するとともに労働市場の流動性が高まり，収穫に係る労働賃金の多寡でトゥバサンが選択されるようになったのである。

表1-2　商人の取引方法と信用供与

地域	商人のタイプ	取引の方法	農家から直接購買する商人の人数	左のうち信用供与を行なっている商人数	商人から購買する商人のうち，売り手へ信用供与を行なっている商人数
C村	広域商人[1]	イジョン	3	1	
		トゥバサン	4	2	8人中0人
		現金払い取引	0	0	
	地域商人	イジョン	1	0	
		トゥバサン	5	3	2人中1人
		現金払い取引	0	0	
T村	広域商人	イジョン	0	0	
		トゥバサン	5	1	2人中1人
		現金払い取引	2	0	
	地域商人[2]	イジョン	1	0	
		トゥバサン	4	1	1人中0人
		現金払い取引	0	0	

（注）1）農家から直接購買する商人の人数には重複1名を含む。 2）農家から直接購買する商人の人数について，不明な商人1名を除外した。
（出所）現地調査より筆者作成。

表1-3　調査集落の農家の販売方法

	C村		T村	
	家計（戸）	割合（％）	家計（戸）	割合（％）
トゥバサンだけをする	38	53.5	33	58.9
トゥバサンも現金払い取引もする	29	40.8	8	14.3
トゥバサンをしない	4	5.6	15	26.8

（注）2012年7月までの1年間の販売データに欠損が無かった農家のデータのみ使用した。また，トゥバサンをしない場合に現金払い取引以外の取引も含まれている。
（出所）現地調査より筆者作成。

済の履行を確定させるための費用など販売に関する取引費用が大きな要因であった（Hayami and Kawagoe, 1993: 52）。

2.3.1　収穫請負契約と現金払い取引

　調査対象地の伝統的な商人のうち，農家と取引している商人がどの取引方法を選択しているかを表1-2に示した。地域・商人区分に関わらずトゥバサンで取引する商人が多いことがわかる。他方で，現金払い取引で農家から仕入れて

表1-4　産地の商人の取引方法ごとの決済（日）

地域	商人のタイプ	取引の方法	購買時の後払いの期限		販売時の後払いの期限		決済負担日数	
			購買元が農家	購買元が商人	購買元が農家	購買元が商人	購買元が農家	購買元が商人
C村	広域商人	トゥバサン	1	—	1.5	—	0.5	—
		スポット	—	0.8	—	0.5	—	−0.3
	地域商人	トゥバサン	0.4	—	1.2	—	0.8	—
		スポット	—	0.5	—	2	—	1.5
T村	広域商人	トゥバサン	−7.3	—	2	—	9.3	—
		スポット	1	0	1	4	0	4
	地域商人	トゥバサン	0	—	4	—	4	—
		スポット	—	—	—	—	—	—

（注）決済負担日数は，販売時の後払い期限から購買時の後払いの期限を減算して算出しており，この期間が長いほど商人の決済負担は長期間に及ぶ。
（出所）現地調査より筆者作成。

いる商人はほとんど見られなかった。それは調査票の設計上，商人がトゥバサンないしイジョンで取引していない場合のみを「現金払い取引」と計上し，トゥバサンないしイジョンと現金払い取引を併用している場合は「トゥバサンないしイジョン」と計上したからである。そこで，商人ではなく農家の取引方法の選択割合を示したのが表1-3である。現金払い取引を部分的にでも取り入れている農家は，C村では46%，T村では41% に上り，現金払い取引もかなり行われていることが分かる。とはいえ，トゥバサンで売買する農家はC村で94%，T村で73% であり，農家の大部分を占めていると言えるだろう[10]。

　ただし，C村の広域商人についてはイジョンで取引する商人は15名中3名と比較的多く見られた。イジョンは比較的貧しく現金需要の大きな農家に対して行なわれるとの証言とこのデータを踏まえれば，一般的な野菜農家に対してはトゥバサンで取引する一方で，貧しい農家に対してはイジョンで取引すると言える[11]。しかし，イジョンではフォーマルな金融アクセスを得られない農家を商人が買い叩く側面もあり，原則禁止された経緯がある。この取引が現存する点は興味深いが，データが限られていることもあり，本書では以後取り上げ

10)　表1-3から「トゥバサンだけをする」と「トゥバサンもスポット契約もする」の合計で計算した。
11)　2012年9月20日に行なったS氏宅での本人への聞き取り調査から。

ない。

　次に，調査地で最も頻繁に用いられる取引方法であるトゥバサンをする場合の決済日数と，商人間の現金払い取引の決済日数を表1-4に示した[12]。C村で行われるトゥバサンは野菜の受け渡しが終わったあと，つまり収穫後に決済されている。これは，一般的なトゥバサンの特徴である収穫前に決済されることと整合的なT村のデータとは対照的である[13]。さらに，C村ではトゥバサンと現金払い取引の間に決済日数の違いがそれほどないことから，Nachuk et al. (2006) が指摘する相場の影響を受けない安定的な価格契約という利点は失われているのではないだろうか。農家の販売データを示した表1-3に戻ると，C村ではトゥバサンと現金払い取引をともに行う農家が多かった点に着目したい。前述のように商人がトゥバサンを多用している一方で農家は現金払い取引も併用している点から，農家側からトゥバサンと現金払い取引を市況に応じて選択している状況が示唆される。そもそも農家がリスク回避的であるためにトゥバサンを選択しているのであれば，このような状況は生じないはずである。これらの点から従来とは異なるトゥバサンの地域差の存在が示唆される。その一因として，T村と流通上連結するスラバヤよりもより大規模な消費地市場である首都ジャカルタへとC村が連結しており，市場の変化の影響を強く受けていることは無関係ではないだろう。たとえば，産地が直面している消費地の市場の変化が取引の選択に影響を与え，トゥバサンが市場取引に近い取引へと変容した可能性もある。その変容を検討するために，商人と農家の取引に付随する肥料や種子の購入資金の貸与などの信用供与に着目したい。表1-2に示したように，C村ではトゥバサンにおける農家への信用供与が行われる場合が多く見られる。これは，市場環境の変化が激しくなる中で取引当事者間の関係性が深められており，関係的契約としての特性を強めていると捉えることができる。つまり，多くの商人との取引の可能性を残しつつも，特定の商人と継続的に取引を行うことで安定的な販売が可能になったことが示唆されるのである。

---

12) 商人と農家のスポット契約の決済日数はほとんど観測できなかったため，商人間のスポット契約の決済日数をスポット契約が行われる場合の決済日数として捉えた。

13) 2012年8月2日，3日に行なった，マントゥン産地出荷市場のI氏，K氏への聞き取りによれば，契約締結時に代金を全額支払うのではなく，締結時に25%，もしくは50%を支払い，収穫後の測量後に残額を支払う契約方法も存在する。この場合は支払額の割合で決済期間に重み付けして決済日数を算出した。

表1-5 収穫タイプ毎の収穫労働

| | トゥバサンをしない場合 | | | トゥバサンをする場合 | | |
	取引数	収穫労働力（人・日）	圃場面積（m2）	取引数	収穫労働力（人・日）	圃場面積（m2）
C 村						
賃金労働者のみ	69	4.03	789	196	5.25	836.9
賃金労働者と家計構成員	5	2.60	520	–	–	–
家計構成員のみ	58	2.16	540	–	–	–
不明	10	–	–	16		
	142	3.15	640	212	5.25	836.9
T 村						
賃金労働者のみ	3	19.7	1,618	118	10.5	1644.7
賃金労働者と家計構成員	11	9.10	2,186	–	–	–
家計構成員のみ	42	6.10	1,469	–	–	–
不明	2	–	–	52		
	58	7.38	1,621	170	10.5	1644.7
総計						
賃金労働者のみ	72	4.68	930	314	7.24	1138.8
賃金労働者と家計構成員	16	6.93	1,666	–	–	–
家計構成員のみ	100	3.81	819	–	–	–
不明	12	–	–	68		
	200	4.40	924	382	7.24	1138.8

（出所）現地調査より筆者作成。

2.3.2 トゥバサンの収穫労働・輸送費用

　トゥバサンと現金払い取引の最も大きな違いは収穫以降の作業を農家が負担するか否かであり，収穫作業および収穫物の輸送を回避できることは農家がトゥバサンを選択する誘因となっているだろう。そこで，収穫労働および収穫物の輸送の実態把握を試みた。まず，表1-5 に示した通り，トゥバサン以外の取引においては全体として賃金労働者を雇用する場合も家族や親戚などの家計構成員により収穫が行われる場合も見られ，調査地域間で差が大きい。T 村では主に家計構成員により収穫が行われている。表1-5 で収穫労働に着目すると，家計労働力のみを利用する場合は賃金労働者を利用するよりも労働力を必要としていないことがわかる。したがって，賃金労働者に比べて安価な家計構成員を利用できる環境にあれば，トゥバサンを選択しないと推察される。この点がトゥバサンがT村でより選択される要因であろう。他方で，C 村では家計構成員による収穫も行われるものの，労働者を雇用する場合が最も多かった。C

表1-6　労働賃金の比較（インドネシアルピア，括弧内は標準偏差）

| | | トゥバサンをしない場合 | | トゥバサンをする場合 | | |
		平均	N	平均	N	差分
C村	全体	16,670 (6547.3)	139	18,641 (6466.4)	179	1971***
	収穫労働者を雇用	17,502 (4007.5)	69			1139**
T村	全体	12,860 (4214.5)	48	14,593 (16924)	132	1733
総計		15,692 (6260.4)	187	16,923 (12232)	311	1231*

(注)　労働賃金は労働者1人当りの一日の賃金であり，支給された食費などは除外している。また，収穫賃金が
　　　欠損している場合は他の生産過程での支払い賃金により，雇用労働をしていない場合は農家自身が農業労
　　　働者である場合の賃金によりデータを補填した。なお，調査時点では1円＝117.6インドネシアルピアであ
　　　る（https://data.worldbank.org/indicator/PA.NUS.FCRF?end=2019&locations=ID-JP&name_desc=false
　　　&start=1967&view=chart）
(出所)　現地調査より筆者作成。

表1-7　トゥバサンをしない場合の農家の輸送行動と労働力（人・日）

| | | C村 | | T村 | | 総計 | |
		取引 回数	輸送労働力 （人・日）	取引 回数	輸送労働力 （人・日）	取引 回数	輸送労働力 （人・日）
	庭先で販売	129	—	34	—	163	—
商人の所在 地まで輸送	賃金労働者による輸送	7	1.0	6	3.50	13	2.88
	農家自身で輸送	6	1.5	18	2.22	24	2.04
		142	1.38	58	2.54	200	2.25

(出所)　現地調査より筆者作成。

村の方が農業以外の産業も活発であり，労働機会が豊富なことを踏まえれば，
家計構成員による収穫の機会費用は高くなるだろう。そして，表1-6に示した
ように農家が収穫労働者を雇用する場合よりも商人が雇用する労働者に掛かる
費用の方が高い点から，一見するとトゥバサンを選択する農家は少なくなると
考えられる[14]。しかし実際には，C村の取引の約60％はトゥバサンである。
したがって，労働賃金以外の要因，具体的には農家自身で収穫労働者を探すこ
とに伴う取引費用が低いことが推察される。
　トゥバサンをしない場合に農家自身で市場まで野菜を運搬するのであれば，
トゥバサンの意思決定は収穫労働だけでなく商人の輸送費用にも影響されるだ

ろう。まず表1-7に示す通り，サンプル全体としては農家自身で輸送する場合
は14%程度と低く，大部分の取引が庭先で受け渡しが行われていることが分
かる。農家のマーケティング行動においてトゥバサンをしない場合であっても，
輸送費は大きな負担であるために庭先で販売する場合が多いと考えられる。そ
のため，庭先においてトゥバサンを選択するかの意思決定は，輸送費よりも収
穫に関連する費用が主だった要因になっている[15]。

3. 商人の市場競争

3.1 商人の競争性

　前節までで概観した農家と商人との垂直的な取引だけでなく，水平的な競争
を概観することも重要だろう。すなわち，商人の競争性を検討するのである。
ここでは，産地での農家と商人の取引の実態がいわゆる市場取引に近い点に着
目し，商人の完全競争状態を前提とすればゼロになるであろうネットマージン
率から商人の競争の程度を検討したい。ここで，商人 i のネットマージン率 m_i
は，売値を P_i^{sell}，買値を P_i^{buy}，ユニットコスト（unit costs）を C_i^u と表記する
と，$m_i = (P_{sell} - P_{buy} - C_v)/P_{buy}$ で表される。また，C_i^u がゼロの時の $P_{sell} - P_{buy}$ を
グロスマージンと呼ぶことにする。
　表1-8に示した通り，C村では広域商人・地域商人ともに農家と取引する商
人はネットマージン率が7%から19%と低いことから，川下の商人（商人を
購買元とする比較的規模の大きな商人）よりも競争的と推察される。農家と取引
する商人のネットマージン率が低い要因としては，グロスマージンにおける輸

---

14) この点に関しては，収穫労働への支払賃金のデータが不十分であるため直接的に検討するこ
とはできなかった。しかし，収穫労働費が生産過程における労働賃金率と等しいと仮定した上
で労働賃金率を比較した。なお，商人への聞き取り調査ではチアンジュール，プジョンともに
労働者へ1日当り2万ルピア（約170円）から3万ルピア（約260円）支払うことが一般的で
あった。

15) ただし，T村では41%の取引で輸送されており，さらに労働者を雇用せずに農家自身で輸
送する場合が多かった。これは収穫労働と同様に直面している労働市場の相違によるものであ
ろう。

表1-8 産地商人のマージン，投資，固定費

地域	商人のタイプ	購買元	ネットマージン率（%）	グロスマージンに対する輸送費の割合（%）	初期投資（100万ルピア）	現在の投資（100万ルピア）	施設・店舗をレンタルした商人（人）	施設・店舗を購入した商人（人）	施設・店舗代（100万ルピア）
C村	広域商人	農家	7.0	60.5	27.0	12.5	2	3	30.0
		商人	26.9	21.4	41.7	17.5	0	5	43.3
		平均	23.6	27.9	36.1	15.5	—	—	38.0
	地域商人	農家	18.9	35.6	2.9	1.8	0	1	0.0
		商人	43.0	14.0	10.0	5.0	0	1	37.0
		平均	22.4	32.6	4.7	2.3	—	—	37.0
T村	広域商人	農家	30.6	46.1	15.1	30.8	0	1	51.0
		商人	17.0	6.6	23.5	300.0	1	2	0.0
		平均	27.2	36.2	17.2	90.6	—	—	0.0
	地域商人	農家	26.4	19.0	17.0	64.0	0	3	9.4
		商人	—	—	—	—	—	—	—
		平均	26.4	19.0	12.2	38.4	—	—	—

地域	商人のタイプ	購買元	トラックをレンタルしている商人（人）	トラックを所有する商人（人）	トラックの購入費（100万ルピア）	決済必要資金（100万ルピア）
C村	広域商人	農家	1	1	8.0	0.0
		商人	0	5	76.4	1.1
		平均	—	—	65.0	0.7
	地域商人	農家	0	2	10.0	4.6
		商人	—	—	0.0	1.5
		平均	—	—	10.0	3.8
T村	広域商人	農家	0	7	63.6	1.4
		商人	1	1	48.5	11.2
		平均	—	—	61.8	3.5
	地域商人	農家	0	2	179.3	120.9
		商人	—	—	—	—
		平均	—	—	93.9	—

（注）伝統的流通の商人には SS として営業しているものを含まない。また，現在の投資は運転資金を表している。C村の農家と取引する広域商人と地域商人のトラックの購入費はバイクの購入費である。調査時点では1円＝117.6 インドネシアルピアである（https://data.worldbank.org/indicator/PA.NUS.FCRF?end=2019&locations=ID-JP&name_desc=false&start=1967&view=chart）。
（出所）現地調査より筆者作成。

送費用の占める割合が高い点が挙げられる。この点は Hayami and Kawagoe (1993) が西ジャワ州の産地の商人に関し，輸送費用でグロスマージンがほとんど説明されると言及した点と整合的である。つまり，産地は相対的に競争的な状態にあると言える。また，商人の市場への参入条件からもこの点は示唆される。C村・T村ともに農家と取引する商人の初期投資は少なく，産地ではより自由な市場参入が可能になっているからである。

なお，T村のデータに関してはサンプル数が少ないため比較することは難しいが，広域商人・地域商人を両地域で比較する。表1-8より，商人から購買する地域商人を除けばC村の方がネットマージン率が低く，また平均的にはC村の商人はT村の商人よりも初期投資額が高かったものの，外部から参入しやすい規模の小さな（農家と取引する）地域商人の初期投資は低かった[16]。この点からC村の方が商人の参入が激しく，市場が競争的であることを示唆している。そしてこの市場参入条件の違いは，調査概要で述べたようにT村が属する西ジャワ州の方が市場競争が激しいという現地観察とも整合的である。

3.2　流通機能の分業

　商人の初期投資と運転資金の使途をもとに，流通過程において商人が担っている機能の違いを前出の表1-8より検討する。まずC村では，農家と取引する商人はトラックの購入は少なく，倉庫・店舗に投資している。そのため倉庫・店舗への投資が営業開始に必要であり，トラックの購入までは必要とされていないことがわかる。つまり，C村では農家と取引する商人はトラックによる販売先への輸送機能を持たず，農家からの集荷に特化しているのである。そして，集荷の際の決済に必要な資金負担もT村に比べれば小さいのである。では，消費地への輸送機能は誰が担っているかと言えば，それは広域商人である。データからも広域商人はトラックを購入していることが分かる。

　他方のT村では，倉庫・店舗を所有する商人もいるがその価額は小さい。そして農家と取引する商人の大部分がトラックを購入していた。後者に関してはC村の場合とは異なっており，T村では農家と取引する商人も輸送機能を持っていると言える。一方で，決済に必要な資金の額も大きい。これはT村ではトゥバサンによる集荷を行う際に収穫前に支払いを終える必要がある点と整合的だろう。T村の農家と取引する商人は決済機能と輸送機能の双方を有し

---

16)　運転資金や輸送機器への追加投資など定常的に必要とされる固定費を表している現在の投資額の違いに着目すれば，C村で見られる現在の投資額は初期投資より小さいが，T村では逆に大きいという違いがある。そのため，T村の商人のネットマージン率算定において，ユニットコストの計算に含めていないこれら固定費が相対的に大きいことから，それを考慮すれば両地域の地域商人のネットマージン率の差は縮小する。しかし，初期投資と現在の投資額を取引単位数量あたりに換算するには償却年数を設定する必要があるが，そのための十分な情報がないため現時点で換算することを避けた。

ており，それゆえ負担する固定費が高くなっているのである。

　以上から，T村では農家と取引する産地商人が複数の流通機能を兼務しているのに対して，C村では商人間の分業が成立している。それゆえ農家と取引する商人として営業するために必要な初期投資は低くなり，競争的な環境が生じている点が示唆される。

3.3　産地流通の競争激化——ブローカーと商人の競争

　前節で見たように西ジャワ州C村で農家と取引する商人が他の商人と比べ競争的だった点はHayami and Kawagoe（1993: 74）で指摘されていたことであり，1990年頃と同様の競争的市場が維持されている。しかし，ブローカーの動向に着目すると農家から仕入れる商人の業態は変化しているのである。なぜブローカーが商人の変容を検討する上で重要なのかというと，商人が農家から野菜を仕入れる際に行われるトゥバサンでは，マクラール（makelar）と呼ばれるブローカー兼収穫労働者を利用することが知られており，商人とブローカーの連携が迅速な取引を可能にしているからである。そして，マクラールの多くは農家との兼業であり，実際T村の調査対象全137世帯中18世帯がブローカーとして圃場の情報を商人に提供していた。

　一方で，C村では一人の商人はブローカーを経由して仕入れており，そのブローカーは収穫労働者としてではなく，圃場情報を基に農家と商人を仲介する手数料のみを収入としている点において，T村で多数観察されたマクラールと業態が異なる。つまり，ブローカーを通す場合トゥバサンは行われず，農家が収穫を行うのである。具体的にC村のブローカーの実態を述べると，収穫の一日前に商人との取引を成立させ，平均的にキロ当り200ルピア（約1.7円）から500ルピア（約4.3円）のマージンを取る。その際に農家と商人は面識がなく，直接的な価格交渉は行われない。幹線道路から離れ公設市場へのアクセスが悪い圃場で生産する農家は，商人ではなくブローカーを相手に取引しており，いわばブローカーが一つの流通階層になっているのである。他方で，幹線道路の近くの農家は携帯電話を使用して商人を探索するなど，ブローカーを介さず商人と取引している。全ての農家が携帯電話を利用しているわけではないが，友人から借りる場合もありT村よりも積極的に商人と取引している。そのためC村では，市場へのアクセスが改善され農家の市場参加が進むことで，

表1-9　農家と取引する商人の職歴

No	商人の タイプ	年齢	性別	1日の取引量 （キロ／日）	商人とし て営業開 始した年	前職の概要
1	広域 商人	43	男性	1,000	2007	圃場の探索，トゥバサンで商人が取引していた場合は収穫労働者として働いているブローカーであった。
2	地域 商人	44	男性	200	2000	1992年から自作農と農業賃金労働をしていたが，近隣のチパナス市場で働いていた夫人の父親の下で半年間ブローカーとして働いていた。
3	地域 商人	42	男性	3,000	1999	クラマッ・ジャティ中央卸売市場の卸売商人の下で11年間働いていた。その後チアンジュールに帰郷しブローカーとして一定期間営業していた。
4	広域 商人	40	男性	2,000	2006	同集落内のS氏の元で圃場の探索，収穫労働，野菜の運搬を1年間しいた。S氏と関係の強いブローカーであった。

(注) 年齢は2012年9月20日段階のものである。
(出所) 2012年9月20日に行なったC村・バロス集落を拠点とする商人への聞き取り調査より筆者作成。

ブローカーが商人と農家の間に入る余地がなくなった点が推察される。

　このようなブローカーの業態の変容を確認するために，C村バロス郡を拠点とする商人の職歴をまとめたのが表1-9である。商人は2000年頃までブローカーとして営業していたが，それ以後は商人として営業していたのである。また，山間部を除いてブローカーが見られない現状を踏まえると，ブローカー間の競争が激しくなった結果，仕入れ先の情報を豊富に持ち，（広域商人の場合には3.2の議論から）トラックなどの輸送手段を得るための資金を持つなどの条件を満たした一部のブローカーが商人へと業態を変化させた一方で，その他のブローカーは廃業もしくは山間部に移動したことが推察される。このようなブローカーの競争が激しくなった時期と，近代的な大規模小売企業の台頭時期がほぼ一致している点は注目に値する。消費地の小売市場の変化が産地市場の競争を間接的に加熱させた可能性を指摘できるだろう。

4. 近代的流通による産地集荷

4.1 調査地におけるスーパーマーケットの購買状況

　チゴンボン産地出荷市場ではSSと伝統的流通の商人の両者が営業しており，野菜の出荷作業をしている。西ジャワ州のトマト流通についてSSの他に伝統的流通の卸商人の介在が指摘されている点と整合的である (Natawidjaja et al., 2006; Natawidjaja et al., 2007)。そこで調査対象地の流通の概要に関して，チゴンボン産地出荷市場のSSの流通の概要を表1-10に示した[17]。取引先としてはジャイアント（Giant）・ヘロー（Hero）・カルフール（Carrefour）などの大規模なスーパーマーケットが目立つが，そのほかにも国内資本のスーパーマーケットへ多く販売していた。また，表1-11に示した同市場の伝統的な商人の取引量と比べると，SSの取引量は少ない。これは品質の高い野菜のみを選別

表1-10　チゴンボン産地出荷市場のSSの概要

SS	取引量 （キロ／日）	取引先のスーパーマーケット
L 社	1,000	Giant
H 社	1,500	Giant, Superindo, Makro, Hero
D 社	2,000	Makro
A 社	500	Hari-Hari
I 社	1,000	Naga, Giant
AT 社	1,500	Yogya, Lote
U 社	3,000	Giant, Carrefour, Alfa Midi
AG 社	1,000	Carrefour
DA 社	1,500	Alfa Midi, Hero
HI 社	1,000	Lote, Makro, Carrefour
BE 社	2,000	Carrefour
B 社	2,500	Indofood, ABC, Delmonte
S 社	2,000	Carrefour, Alfa Midi
平均（13 社）	1,577	

（注）SSに後述のアグロ・スガールは含んでいない。
（出所）2012年8月にチゴンボン産地出荷市場の管理者より入手した内部資料より筆者作成。

表1-11　チゴンボン産地出荷市場の商人の概要

販売先の公設市場	商人数	平均取引量 （キロ／日）
クマン卸売市場（ボゴール県）	4	3,750
クラマッ・ジャティ市場	9	2,211
スニン市場（ジャカルタ首都特別州）	6	2,167

(注)「クラマッ・ジャティ市場」は卸売だけでなく，近隣の小売市場も含む。
(出所) 表1-10と同じ。

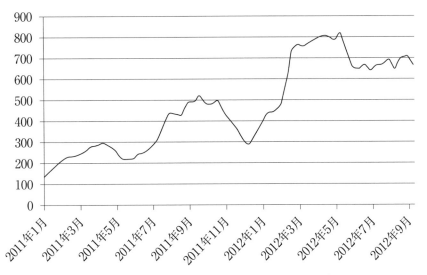

図1-5　主要野菜の週取引総量の推移（トン／週）

(注) キャベツ，ネギ，ニンジン，セロリ，ウリ，インゲンマメ，チンゲンサイ，トウガラシの8種の野菜の合計。
(出所) チゴンボン産地出荷市場の管理部が所有する内部資料より筆者作成。

しているためだと考えられる。

　また，チゴンボン産地出荷市場を経由する野菜の総量は2011年1月から調査終了日の2012年9月まで全体的に増加傾向にある（図1-5）。基本的には伝統的流通への販路がメインであり，クラマッ・ジャティ中央卸売市場が主要な取引市場となっている[18]。他方で，スーパーマーケットおよびレストランへの

---

17)　T村で活動しているSSはマントゥン産地出荷市場にはほとんどいなかったため，データは十分ではない。そのため本節ではC村における近代的流通の集荷システムの分析を主に行なった。

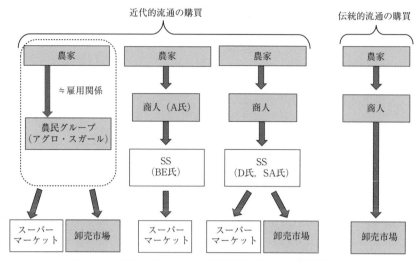

図1-6　チアンジュールの調査集落の商人の流通模式図

（出所）筆者作成。

流通量は総流通量のうち約11％である[19]。取引総量が増加していることから，スーパーマーケットへの出荷量も増加傾向にあると推察される[20]。

4.2　近代的流通の集荷を担う伝統的流通の商人

　C村では，SSの購買に関して①農民グループを経由する場合，②伝統的流通の商人を経由する場合の両事例が観察された。しかし，調査集落の農家とSSとの直接的な取引，ないし契約生産は観察されなかった。さらに，調査地で観察された農民グループの実態は大規模な農家に近く，農家と農民グループそし

---

18)　市場取引量の40％がクラマッ・ジャティ中央卸売市場に販売されている。ほかには，西ジャワ州ボゴール市のクマン卸売市場（Pasar Induk TU Kemang Bogor, 13%），ブカシ市のチビトゥン卸売市場（Pasar Induk Cibitung, 8%），チアンジュール県内の公設市場（28%）に流通している。

19)　2012年8月に行ったチゴンボン産地出荷市場の管理者への聞き取り調査より。

20)　チゴンボン公設生産者市場の管理者によれば，スーパーマーケットとレストランへの流通量は，流通総量に占める割合を商人からヒアリングした上で取引量を算出している。従って，正確な流通量を示しているわけでない。しかし，大まかな流通の水準はこのデータから知ることができる。

てSSが一体となったと見なせる組織形態であった。以下で取り上げる商人と農民グループの流通模式図を図1-6に示した。

4.2.1　農民グループの事例

まず，①の農民グループを経由する場合を取り上げる。農民グループの名称はアグロ・スガール（Agro Segar）であり，2000年から営業している。組織の代表者であるS氏は農民グループだけでなく，チゴンボン産地出荷市場と非営利農業村落訓練センター（Pusat Pelatihan Pertanian dan Pedesaan Swa-daya：P4S）の運営・管理をしている。また，4.5ヘクタールの農地の所有者であり，収穫などの繁忙期には25名もの農業労働者を雇っている。農民グループの農家は41戸ほどだが，その耕地面積が16ヘクタールであることを考えてもS氏が多くの農地を所有していることが分かる。そのため，高橋（2003）が指摘したような，農業生産における技術指導の受け皿である一般的な農民グループというわけではない[21]。

アグロ・スガールの流通経路では，平均して一日あたり1.5トンから2トンの野菜がスーパーマーケットと日本料理店や韓国料理店に出荷されている。取引先のスーパーマーケットは6社である[22]。また，品質の悪い野菜は周辺のチパナス市場へと販売され伝統的流通へ供給される。スーパーマーケットへの販売を主業としているため，本書においてアグロ・スガールはSSに位置づけられることになる。アグロ・スガールの購買元はS氏が所有する農地での生産から20%を，農民グループの構成員である農家から60%を仕入れ，その他は伝統的流通の商人から仕入れている。そして，農民グループの構成員である農家とは栽培開始時点で販売額を確定しており，週に二回決まった金額が支払われる。この点からも組織的な取引形態が取られていると理解できる。また，S氏によれば今後も農地を拡大する意向が強く，組織を主導する大規模農家として捉えていいだろう。つまり，実態としては大規模な農家が農民グループを組織し，直接スーパーマーケットと取引しているのである。

---

21)　3章で取り上げるジャワで一般的に観察されるSSと農民グループの取引と比べても，直接スーパーマーケットと取引できている点から，SSと農民グループが一体化した業態となっていると捉えることができる。

22)　取引先のスーパーマーケットは以下の通りであり，内国資本のスーパーマーケットが多い。Hanil Mart, Mu Gung Hwa, K Mart, World Mart, Asia Mart, Wori Super.

4.2.2　商人を経由する事例

　次に，②商人を経由する場合に関しては三つの事例を取り上げたい。まず，SS と農家の間に立つ地域商人である A 氏の事例を紹介する。A 氏はブロッコリーのみを取り扱っており 2000 年からチゴンボン産地出荷市場で営業する SS である BE 氏へと販売している。BE 氏は 2008 年に建設された 5 トンの野菜を収容可能な冷蔵機能付きの貯蔵施設を保有しており，A 氏は貯蔵施設までの運搬も行う。そして決済は購買時・販売時ともに，その場で現金決済して取引を完了する。BE 氏へ販売する商人は A 氏の他に 10 名程度いるが，ブロッコリーに関しては A 氏とのみ取引を行っている。A 氏がブロッコリーのみ取り扱っている点は，他の商人が 5 品目程度の青果物を取り扱っている点とは対照的であり，消費地の卸売商人のように専門化している。また，1 日の取引量は 300 キロであり，他の商人が 1 トン以上であることと比べ低く，グロスマージンがキロ当たり 3,000 ルピア（約 26 円）と高い水準である。スーパーマーケットが求める高品質な野菜を選別し，価格プレミアムを享受していると考えられる。価格プレミアムを得るために必要と考えられる包装は自宅を利用して行われ，300 キロのブロッコリーに対してラップを 1 ロール 12 万ルピア（約 1,000 円）使用する。単位キロ当たり 400 ルピア（約 3.4 円）の費用になり，他の商人の包装に掛ける費用よりも大きい。しかし，固定費は（集荷スペースに用いるための）家の改装費が主で，労働者の雇用も 3 名（うち 1 名は妻）と比較的少ないため，包装の機械や野菜の洗浄機器などの技術的な投資はされていない。そのためか野菜の選別は自宅では行われておらず，次に述べるトゥバサンによる購買後の農地での収穫作業時に行われている。

　流通チャネルに関して A 氏は 10 戸の農家から購買しており，ブローカーを利用していない。そして，農家からの購買は現金払い取引ではなく，トゥバサンによっていた。従って，SS にとっても伝統的な商慣行であるトゥバサンが有益であることが推察される。さらに，A 氏は 3 戸以上の農家に対して生産に必要な資金の貸与を行っていた。他の伝統的流通の商人でも見られたことであるがその取引先農家のうち資金貸与している割合が 17% 以下であるのに対して，A 氏は 30% と高かった。スーパーマーケットに販売可能な高品質な野菜の確保には，信用供与による取引関係の強化により品目の選択や肥料提供など生産にまで関与する必要があるのである。ただし，スーパーマーケットの調達部門の社員といった川下のアクターが生産現場を直接訪問し，栽培方法（減

農薬や有機栽培の推奨）や調達活動（農産物の選別）などへの関与を強める動き
は調査地で観察されなかった。その要因には，産地の商人の集荷能力が相当程
度高く，高品質な野菜の集荷が可能なことが挙げられる。また統一的な食品管
理規制が徹底されていないことからも分かるように，栽培方法に高度な品質管
理が必要なほどには消費者の需要が高くない点が要因と推察される[23]。

　また，A 氏は 2000 年以前チパナス市場で卸売商人の下で働いていたが現在
は同市場へ販売していないことから，伝統的流通から近代的流通へと移動した
商人として捉えることができる。そのため上記の観察から，農家への資金貸借
に基づいた緊密な連携とトゥバサンの利用，そして取り扱う農産物の専門化が
SS と取引する商人の特徴と言える。

　一方で，伝統的流通の地域商人である D 氏は，スーパーマーケットのカル
ノールとチバナス市場の商人へ販売している。SS はスーパーマーケットへの
販売に特化している点が特徴であるが，D 氏はスーパーマーケットだけでなく
伝統的流通へと販売しており，前述のアグロ・スガールと同様である。また，
販売する際の決済期間が 10 日と長く，スーパーマーケットと SS 間で見られ
る決済期間に近いために，経営規模は小さくとも SS とみなした。

　D 氏は 10 種の野菜を取り扱っており，取引量が各野菜 100 キロ程度と少な
く，その中から 20〜80 キロをカルフールに販売している。また，農家から直
接購買せず，トゥバサンで集荷する商人から仕入れている。ただし，カルフー
ルへの販売ではキロ当たり 600 ルピア（約 5.1 円）のグロスマージンであり，
前述の A 氏と比べて 1/5 程度である。またチパナス市場に対しては 800 ルピ
ア（約 6.8 円）のグロスマージンであり，いずれにしろ低い水準である[24]。そし
て，チゴンボン産地出荷市場に店舗を構える他の SS と比べると総取引量は少
なく，マージンも薄い。そのためか，取引する野菜の種類を増やしており，農
家との取引ではトゥバサンを利用していた。このように伝統的流通で見られる
集荷商もスーパーマーケットと取引可能なことを示す事例として D 氏を捉え
ることができる。

　T 村が属する東ジャワ州マラン県近辺では SS が農家と契約生産することに

---

23)　川下からの直接的な生産関与は，今後のインドネシアの経済成長次第では観察されうる事象
　　であり，また現在のブローカーと商人がそこで重要な役割を果たす可能性は否定できない。そ
　　のため，今後の継続的な観察が必要である。

24)　ネットマージン率は輸送費用のデータが得られなかったため算出できなかった。

より野菜を購買している（Nachuk et al., 2006）。しかし，SS への集荷を担う商人が現金払い取引で農家から集荷することや，さらには SS と農家で直接的な取引をすることは難しいと考えられる。その一例として，T 村の農家と取引する地域商人である SA 氏の事例を取り上げたい。2012 年 8 月の段階では SS へ販売をしていたが，2013 年 3 月の段階では取引をやめていた。SA 氏は兄弟が経営する SS に販売を開始したが，1 年経たずに伝統的流通の商人への販売に戻っていたのである。集荷方法に着目すると，SA 氏は現金払い取引で農家から購買しており，また農家への信用供与を行っておらず，チアンジュールで見られた A 氏の集荷方法とは対照的である。トゥバサンに加えて商人から農家への信用供与が為されることで，現金払い取引をするよりも SS が求める品質水準を満たしやすいことが推察される。たとえば，トゥバサンにより取引可能な農家を制限し，それにより正確かつ詳細な生産状況に関する情報を取得して集荷することで SS が求める品質水準と出荷計画を達成しやすくなる状況が推察される。

4.2.3 事例の小括

　以上の事例から，スーパーマーケットと農家を介在する商人は品目別取引量が小さく，農家との取引ではトゥバサンを利用していた[25]。SS の購買において，伝統的流通の商人によるトゥバサンを利用した集荷方法は，SS が直接農家から集荷する方法よりも，またその他の伝統的な商人の集荷方法よりも優れている可能性が高いのである。その理由としては，多数の小農から野菜の選別と集荷を行え，さらに鮮度を保つための迅速な取引が可能な点が考えられる。そして，SS と農家との直接的な取引がアグロ・スガールのような特殊な事例でのみ観察され，一般的な農家では観察されなかったことから，SS への主要な供給者として伝統的流通の商人が大きな役割を果たしていると考えられる。

25）　アグロ・スガールと D 氏はスーパーマーケットの購買元であるため SS に分類されるが，伝統的流通の卸売市場にも販売しているため，SS により伝統的流通と近代的流通の補完的な関係が伺える。また，伝統的流通の商人が SS に業態を転換する点も青果物流通の変容を捉える上で重要な視点である。関連する論点を 3 章で議論するが，本章ではあくまでも伝統的流通の集荷システムに焦点を絞って議論を行った。

おわりに

　本章では流通革命の影響下にあるジャワの産地野菜流通を対象に，その変容を現地調査により明らかにすることを試みた。まず，本章で明らかにした産地野菜流通の変化は次の2点である。1990年代に比べて産地の流通市場における商人間の信用供与とそれによる取引関係の強化がほとんど見られなくなった点である。そして2点目は，ブローカーが減少する中でその一部が商人へと業態を変化させた点である。その背後には，国内市場の競争の過熱があったことが推察された。他方で現在も変わらず，産地商人の集荷における伝統的な収穫請負契約であるトゥバサンが多く観察された。収穫費用と輸送費用に焦点を当て要因を探索したが，雇用者の賃金率では十分に説明できなかった。

　調査地で観察されたスーパーマーケットの集荷において，伝統的流通の商人による集荷に頼る事例が観察された。また，集荷方法としてトゥバサンが活用されている点が特徴的だった。なお先行研究で知られていた農民グループとの取引は見られたものの，生産契約としての契約栽培は見られなかった。以上から，流通革命に対する伝統的流通の適応をさらに検討するためにトゥバサンに注目した分析作業が必要と考える。特に，なぜ今も小規模経営農家はトゥバサンを重用するのかという点，そしてSSと取引する商人の集荷方法に採用されるかという点に関して次の3章で検討したい。

　本章が明らかにした2000年以後の伝統的流通の商人の競争的かつ市場の変化に適応している様相は，Hayami and Kawagoe (1993: 2, 173) がジャワの新興野菜流通について指摘した「市場取引を通じて（市場の機会を）学習可能」という意味の商人の企業家精神に通じるものがある。将来的に新たな組織形態や契約生産の改良などのいわば革新が生じて産地流通の大きな転換が起きたとしても，その商人の企業家精神により存在し続けるのではないだろうか。Suryadarma et al.（2010）が指摘した小売における伝統的流通内部のより激しい競争も踏まえれば，伝統的流通が大規模小売企業を中心とした新たな流通システムに代替されるとは言いきれず，今後の産地流通において商人を中心的アクターとして変化していくことが推察される。少なくとも，Vetter et al. (2019) が示唆したように，伝統的流通自体の変化の一端を確認できたと言えるだろう。

産地の流通フィールドワーク

　商人が集荷先の農家に対して種子や肥料の現物提供（もしくはその購入代金の融資）を行うかどうかは現地調査における重要な観察事項の1つだった。たとえば，商人が農家に金銭的な援助をした見返りに排他的に取引の権利を確保することは，迅速な野菜取引を支え得る仕組みの1つである。他方で，商人と農家のそのような非常にドライな関係として捉えるいわば古典的な経済学的な見方は，しばしば現場の観察との乖離が批判される。ジャワの農村を訪れた経験がある方々からすれば，ジャワの牧歌的な助け合いの姿は見られないのか，という疑問が生じるかもしれない。

　では，実際の現場ではどのような関係性になるのだろうか。産地の商人への調査票には「資金を農家に貸し出すことで，農家は何らかの義務を負うか？」という質問項目を入れた。この質問の意図は，商人が資金援助す

T村の一般的な家屋（2012年8月1日筆者撮影）。

T村の家屋内の炊事場（2012年8月1日筆者撮影）。

るのは独占的な販売権を得るためではないかという上記の仮説の検証にある。しかし，調査票上の回答は一様にNoであった。その後個別に数人の商人と話した際，たとえばある商人は，「農家を思いやっているので，お金を貸したとしても，それを理由に作物の優先的売渡を強制しているわけではない」と答えた。この思いやりというのは，農業生産物に対する資金貸し出しだけでなく，たとえば手元現金の乏しい農家が急に病気になり必要となった薬代や結婚式の費用を手助けするという意味である。つまり，生きていくうえで必要な現金需要を補助して支えているという意味である。この話を素直に受け取ると，調査地においてはいわゆる共同体的な農家と商人の関係性が形成されており，金融市場の欠陥を商人が補っている状況が思い描かれる。

　しかし，その商人の取引先の農家数軒にこっそり話を聞くと，「お金を借りているからと言って，その商人だけに販売しないといけない義務はない」との商人たちの発言と整合的な声とともに，「優先的に販売する」との本音も聞かれた。資金貸借関係にあるからと言って資金を出す商人への独占販売権まで与えているわけではないものの，そこには商人による一定の見返りの期待が見え隠れしているのである。1章で述べたように，信用

東ジャワ州の調査村（T村）の農民家庭の様子（2012年8月1日筆者撮影）。当時，村内でも所得水準の高い商人の家庭などでは家の建て替えがよく行われていた。

供与がほとんど観察されなかったというデータに基づく事実は，1990年頃に比べてある程度豊かになった農家側がこの見返りを拒否した結果と考えると現場の「声」と整合的であろう。つまり，流通上の商人と農家の関係性は実際かなりドライなものであり，この関係性を共同体内における相互扶助で捉えることは少なくとも本書のケースには当てはまらないのである。また，手間は係るものの，流通におけるフィールドワークにおいてはこのようなダブルチェックがかなり有効なことを示す例とも言えるだろう。

第 2 章

伝統的流通における販売契約の適応性

はじめに

本章では，伝統的流通の集荷取引で観察される収穫請負契約のトゥバサンに着目し，近代的流通からの集荷方法になりえるトゥバサンの取引特性を検討する。小規模経営農家が近代的流通から求められる契約栽培に切り替えられずに市場から退出するのではなく，むしろ伝統的流通の中で変化しつつも——トゥバサンの適応性により——存続していく可能性を検討するのである。

先の1章では，伝統的流通の近代化が政策的に進められている調査地においても農家がトゥバサンを選択していること，そしてSSと取引する商人がトゥバサンを好んで選択して集荷している点を明らかにした。特に後者について，SSと取引する商人が生産過程にまでは関与しない点に着目すれば，生産契約ではなく販売契約が近代的流通の中で用いられていると捉えることができる（序章2.4参照）。では，なぜ販売契約としてトゥバサンが利用されるのだろうか。1章で検討した収穫作業に係る費用，および収穫物の輸送費用の節約以外の要因に絞ると，契約交渉時に農作物の品質評価まで行えるからではないだろうか。従来は農作物の品質が農家により評価・選別されることはないとされ，商人がその役目を果たしていると考えられていた。そのため Hernández et al. (2015) は，近代的流通に参加することで期待される価格プレミアムを農家が受け取れないとする。しかし，農家と商人の交渉時にそのような評価過程が存在するのであれば，商人は選別・等級分けの作業の手間を削減できるし，農家は価格プレミアムの一部を享受できる。また，伝統的流通においても品質を考慮した価格決定がなされ，Vetter et al. (2019) の主張に沿うように伝統的流通自体の変化として捉えることができる。そこで，商品の属性・量などの真の価値を測定するために契約交渉時に必要な「販売前の評価費用（presale measurment cost）」（Barzel, 1982）に着目した。販売前の評価費用の多寡により農家がトゥバサンを選択しているのであれば，逆説的ではあるが，農作物の品質評価に農家が参加していると言えるだろう[1]。

---

1) 本章のような計量的な分析ではなく，フィールドワークに基づき交渉過程を描写するアプローチ（例えば，文化人類学など）もあり得る。実際，農家・商人からの聞き取りでヒントを得ている部分も本章は多い。しかし，農家と商人の交渉は短時間で終わることも多く，また研究資源の制約もあり十分に観察することは難しい。そのような事情もあり，本章では仮説検証型の計量アプローチを採用している。

本章では，伝統的流通の内部における農家による契約選択問題から分析を進める。その前提として，伝統的流通と近代的流通でトゥバサンの契約形態に大きな違いがないこと，そして農家が商人から提示される契約形態に縛られておらず，自由に選択できるとした。伝統的流通と近代的流通でトゥバサンの契約形態に大きな違いあるとすれば，それは集荷商人側の属性に起因すると考えられる。極端な例を挙げれば，SS により一定の技能を持つ集荷商人（経営規模が大きく資金力が豊富）が選別されているのであれば，トゥバサンが選択される要因の多くは集荷商人の属性により説明されるだろう。たしかに SS と取引をする集荷商人は小ロットの取引を主体としているという違いはあるが，経営規模や資金力が優れているわけでは決してない。また，近代的流通で用いられるトゥバサンでは信用供与が為される場合も多いが，その契約形態自体に違いがあるわけでもない。これら1章で述べた観察事実から前者の前提を満たしていると考える。また，後者の前提については，買手（商人ないし SS）によりトゥバサンが一方的に選択され，売手である農家に選択権がないわけではない。比較的市場アクセスに優れた調査地を選定しており，代替的な買手がすぐに見つかるような環境にあり，農家には商人からの提案を拒否するオプションがある[2]。つまり，伝統的流通か近代的流通を問わずトゥバサンの仕組みに大きな違いがあるわけではなく，伝統的流通の内部における契約選択問題からでもトゥバサンの仕組みに関する分析が可能だと考える。

　農家の契約選択を分析する枠組みとしては，リスクシェアリングと取引費用の二つが挙げられる（MacDonald et al., 2004）が，取引費用の観点を採用した。トゥバサンでは収穫前に取引額が決定されることから，市場価格の変動リスクを回避したい農家に選択されるとの見方もできる（Nachuk et al., 2006）。しかし，契約の規定要因としてリスクシェアリングではなく取引費用による説明が実証的には支持されている（Allen and Lueck, 1999, 2009; Leffler et al., 2000; Leffler and Rucker, 1991）。たとえば，収穫時の労働者の探索や収穫後の交渉に係る取引費用により農家がトゥバサンを選択することが Hayami and Kawagoe（1993）で指摘されている。さらに，インドネシアにおける農業分野の契約選択研究においても暗黙の裡に同様のアプローチが取られている（たと

2）　この点は Hayami and Kawagoe（1993）でも言及されており，ジャワの野菜流通における競争的な市場環境を支えている。

えばHernández et al., 2015; Sahara et al., 2015; Sahara and Gyau, 2014; Simmons et al., 2005; Slamet et al., 2017; Winters et al., 2005)。なお，上記の取引費用仮説の妥当性を分析の一部で検証した。

　以下ではまずトゥバサンの仕組みを分析し，農家の契約選択要因に関する仮説を提示する。次に，1章で得られた取引データを用いた計量モデルの説明を行う。そして，その検証結果と，追加的な分析としてトゥバサンによる農家経営への介入効果を推計した結果を提示する。最後に，小規模経営農家がトゥバサンにより近代的流通への参加が可能かどうかと，その意義について考察する。

1. 契約選択行動の分析枠組み

1.1 総額契約としてのトゥバサン

　農家がトゥバサンを選択する要因には，収穫労働・輸送に係る費用の多寡だけでなく，契約締結前に行われる作物の評価費用に本研究は着目する。一般的には，野菜の大きさ・鮮度などの品質を適切に反映していない市場に農家は直面している。そのため，近代的流通に向けて高品質の野菜を集荷したい商人にとって，作物の価値を評価するための取引費用はかなり大きなものとなるだろう[3]。それゆえ農家の契約選択を左右する要因となりうるのである。leffler and Rucker (1991) は，トゥバサンと類似している木材の総額契約 (lump sum contract) と単価契約 (per unit contract) の選択要因を分析している。そして，買手を決定する前に生じる作物の評価費用が小さいほど総額契約が選ばれることを実証的に明らかにしている。実際，農家がトゥバサンを選択する過程においても，圃場を見回る多くの商人から事前に作物の評価がされている。たとえば，野菜の色・大きさ・成熟度から市場で実現される価値を商人は推測しているのである。他方で，農家が収穫したあとに商人に即金で販売する単価契約ではそのような予測が不要なため販売前の評価費用は必要とされない。なお単価

---

3) 農家の技術水準の低さによる作物の品質の不均質性もこの費用の発生要因であり (Barzel, 1982; Leffler et al., 2000)，一般的に野菜の生産管理が難しいことと整合的である。

契約は，現地の文脈で言えば現金払い契約と同等である。このように Leffler and Rucker（1991）の分析枠組みは，トゥバサンの選択要因における評価費用の存在を検証する上で有益である。

　トゥバサンを総額契約とみなした場合，理論的には Wilson（1977）で分析された財の価値が買い手間で同一（common-value）の封印型オークションの枠組みで分析することができる。この理論枠組みのもとでは，買手は収穫前の作物に対する購買希望額を他の買手に知られないように提示し（この点から「封印型」と呼ばれる），最も高い評価をした買手と売手である農家は契約を結ぶ。ただし，全ての潜在的な買手は購買地点で真の財の価値を知らないが，事後の財の価値は買手のあいだで同一と仮定している。調査地の文脈で言い換えれば，商人が販売する前には正確な販売可能量や市場価格は不確かなものであり，商人は自ら得た情報（私的情報）に基づきトゥバサンをするための総額を提示すると解釈できる。そして，商人にとって販売後に分かる真の農産物の価値は全ての商人で同一と仮定しているのである。これらの仮定は調査地の状況と整合的である。まず，野菜価格の変動は大きく，（商人が販売する時の）将来の価格を予測することは難しい。また取引量の予測においては，等級別の収穫予測だけでなく，生鮮品だからこそ商人が販売する時点での歩留まりも考慮する必要があり不確かなものとなる。他方で，1章で明らかにしたように商人が競争的な主体であることから，買い手である商人間でその農産物の価値が同一と仮定することは自然であろう。

　Leffler et al.（2000）に従うと，トゥバサンを選択する農家の行動を予測できる。Leffler et al.（2000）は財の価値に関する不確実性を所与とした上で，買い手の人数・評価費用・財の売買額が内生的に決定されるオークションの均衡を分析している。それによると，交渉に参加した買い手の人数を N，買い手一人あたりが負担する評価費用を M，総額契約における売買額を B，財の真の価値を v とすれば，均衡では

$$B = v - MN \tag{2-1}$$

が成立する。そのため，売手は自身が受け取る売買額 B を増加させるために，M を下げるインセンティブを持つのである[4]。なお，財の評価に関する不確実性が高いと M が増加する点も示している。そのため農家の選択行動に関して次のような予測が得られる。

① 農家は作物の価値の事前評価を行い，その情報を商人に提供する（Mを低下させる）。
② 農家は評価費用の低い代替的な取引方法の提示を行う（Mを低下させる）。

　トゥバサンの取引形態が現状のままであっても，①の観点から取引関係を強めた関係的契約となっている可能性がある。厳密に商人と農家の取引関係を明らかにするにはデータが不足しているが，一定期間の間に同じ商人と取引する頻度から簡便に検討してみたい。図2-1は，各圃場において1年間に行われた同一の「商人―農家」の取引回数の分布を取引形態別に示したものである。トゥバサンは現金払い取引に比べて1回きりの取引が最も多いものの，分布は右に伸びており，2～6回繰り返し同じ相手との取引が行われることが分かる。そして，地理的に近い商人と繰り返し取引する傾向にある。なぜなら，筆者が直接聞き取り調査を行った調査村近隣の商人が含まれる「商人―農家」の取引に図2-1を限定すると，トゥバサンは同じ相手と2回取引されるケースが最も多くなっていたからである（図2-2）。他方で，遠隔地の商人とは1回きりの取引になる点は，トゥバサンの交渉過程に商人が広く参加していと捉えることができる。つまり，買手が制限されていないとする前述の理論枠組みが妥当なものであることを支持していると言えるだろう。

　また，②の代替的な方法には，組合組織の形成と生産契約としての契約栽培が当てはまる。どちらの取引方法も販売契約であるトゥバサンよりも取引の関係性を強めており，買手側からの農作物の品質管理が容易になることから評価費用は低減される。もし仮に本節で述べた総額契約としての特徴をトゥバサンに確認できるのであれば，農家には組合組織での共販行動への参加もしくは契約栽培を採用するインセンティブがあると言えるだろう。

　逆に言えば，（1章で観察された）商人がトゥバサンにより集荷することで近代的流通に農家が参加することは，農家にとって望ましい動きではないかもしれない。SSと取引する商人は高品質な野菜を求めるが，トゥバサンにおける

---

4) Leffler et al.（2000）では買手の人数Nを売手が制限する可能性に関しても検討されている。他方で，モデルで考慮されていない買手間での情報交換が許されるのであれば，買手による談合──買手の間で申し合わせたうえで安価に農産物を買い叩くような状況──が生じる可能性がある。しかし，調査地でそのような買手間の談合は見られなかった点を強調しておきたい。

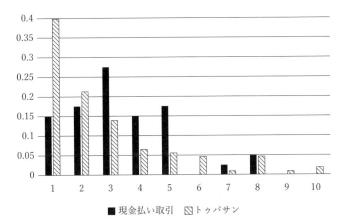

図2-1 同一の商人との取引回数の分布（取引形態別，横軸：
回数，縦軸：比率）

(注) 農家家計データから1年間に行われた全取引を抽出した。年に一回しか取引を
行っていない農家のサンプルは除外した。また，活動地域，呼称が判明してい
る商人の取引に限定した。

(出所) 筆者推計。

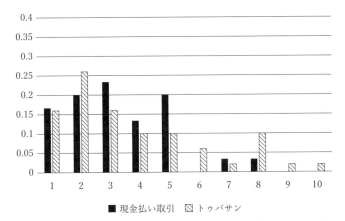

図2-2 調査村近隣の商人との取引に限定した場合の，同一の商
人との取引回数の分布（取引形態別，横軸：回数，縦軸：
比率）

(注) 図2-1の取引データを用い，聞き取り調査の対象とした調査村近隣の商人との
取引に限定した。

(出所) 筆者推計。

販売前の評価費用が高くなるだろう。従って十分な価格プレミアムがなく，また評価費用を下げられないのであれば近代的流通への参加で期待される程の所得の向上を農家は見込むことができない。

1.2 農家の契約選択

　農家はトゥバサン・現金払い取引の各利得を比較し，より高い利得をもたらす取引形態を選択するだろう。そして，商人が販売時に競争的市場に直面し，農家は生産行動の差異がないとすれば，取引に掛かる費用の程度により取引方法の選択が行われると考えられる。既にトゥバサンの総額契約として負担される評価費用に関しては説明したので，次に単価契約としての現金払い取引に関係する費用を説明する。

　トゥバサンを選択しない場合には市場価格に基づく単価契約が結ばれ，トゥバサンでは負担されない収穫費用・輸送費用の多寡が契約選択に影響する。収穫費用には労働者への賃金の支払い以外にも，労働者を探す探索費用と収穫作業を監視する監視費用が含まれる[5]。中でも監視費用は農家にとって大きな負担となっている（Hayami and Kawagoe, 1993）。他方で，探索費用も確かに掛かるが，調査地では商人が探す場合でも農家が探す場合でもほとんど変わらない状況にある。また，トゥバサンを選択する場合に生じる評価費用は無視できるほど小さいと考えられる。単価契約では農家が計量に立ち会うことより取引量の誤差がなくなり，また収穫後に色・形などの外形を基準にする場合は品質の評価も容易だからである[6]。さらに，Leffler and Rucker (1991) では単価契約の際に農家が最適な販売量まで商人に購買させるための履行費用（enforcement cost）を考慮しているが，本研究ではそれも無視できる程小さいと考えた[7]。腐敗性の高い野菜の流通では，取引量に関する交渉を避けるほどに迅速に現金払い取引が行われるからである。

---

5)　商人と農家のどちらが雇用するかに関わらず，収穫労働者を雇用する費用が等しく，また収穫労働および輸送の費用が取引価格に反映されるのであれば（トゥバサンではその分低い価格になる），選択要因とはならないと考えられる。しかし実際には1章で確認したように，少なくとも農家が一日当たりに支払う収穫労働の費用は異なる。すなわち，各農家の労働市場へのアクセス条件の違いが選択要因になっている可能性も検証すべきと考える。
6)　価格の予測を商人は必要とすることから，評価費用はゼロとはならない。

以上の総額契約としてのトゥバサンと，単価契約としての現金払い取引の検討を踏まえれば，契約選択の要因は販売前の評価費用・農家の収穫費用・農家の輸送費用となる。販売前の評価費用が高ければ，農家の販売価格が低下するためにトゥバサンを選択しない。そして，現金払い取引での農家の収穫費用・輸送費用が商人の雇用した労働者による収穫費用・輸送費用より高ければ，トゥバサンを選択すると考えられる。

2. 分析方法

2.1　計量モデル

　本研究では，これまでに述べた農家の契約選択に関する仮説を検証するために二項プロビットモデルを利用した。商人が直面している販売市場が競争的で農家の販売行動は同質的（homogenous）と仮定し，農家は取引費用の減少幅が大きな契約を選択すると考えるのである。以下では具体的な計量モデルを説明する。

　本章では Wollni and Zeller (2007) で応用されたように，ランダム効用（random utility）の枠組みを用いた。この枠組みのもとでは，農家 i がトゥバサンを選択する確率は次のように表される。

$$prob(Tebas = 1) = prob(U_i^T > U_i^S)$$
$$= prob(\varepsilon_i^T - \varepsilon_i^S > V_i^T - V_i^S) = \Phi(V_i^T - V_i^S) \qquad (2\text{-}2)$$

　上式では，農家 i がトゥバサンを選択することで得られた効用を U_i^T，現金払い取引を選択した場合の効用を U_i^S と表記している。U_i^T と U_i^S はそれぞれ，観測された外生変数 X_i の関数 $V_i(\beta X_i)$ と観測されないランダムな誤差項 ε_i の合計で表される。一般的に効用関数を特定化することは難しいが，ランダム効

---

7)　この履行費用は本書が想定している契約違反を防ぐための費用という意味ではない点に注意されたい。なお，どちらの契約においても契約違反が生じる可能性はあるものの，両者ともほぼ即金決済である。そのため契約履行を強制するコストは同程度と考え，契約選択の要因としては除外した。

用の「ランダム」は，この効用関数の特定化を指している。なお，ε_i は独立同分布（independently and identically distributed）で平均 0 である。ここでは，Wollni and Zeller（2007）に従い，$\varepsilon_i^T - \varepsilon_i^S$ が正規分布で平均 0 と仮定し，その累積分布関数を Φ と表記している。

　前述の仮説を踏まえれば，農家 i がトゥバサンを選択した時に観測される効用 V_i^T は評価費用（C^M）が大きいと減少し，一方で現金払い取引を選択した時に観察される効用 V_i^S は収穫費用（C^H）と輸送費用（C_i^T）が高くなると減少するのである。そして仮定より，異なる農家 i と農家 j において，C^M, C^H, C^T が同じ値であれば V も同じになる。したがって，農家 i のトゥバサンを選択する確率が C^M, C^H, C^T の多寡で影響されるか否かにより仮説を検証するのである。具体的には，次のプロビットモデルによって仮説の検証を行った。

$$prob(Tebas = 1) = \Phi(\beta X_i + C_i^H + C_i^T - C_i^M) \qquad (2\text{--}3)$$

　なお，パラメータの分散はプロットレベル（圃場単位）の相関を許容して推計した。なぜなら，推計に使用するデータの制約として，変数によっては取引単位で得られず，家計レベルないしプロットレベルでしか得られない場合も多かったからである。

　ここで内生性の問題に関連する仮説検証における対処を説明したい。まず，Leffler et al.（2000）と異なり，評価費用の代理変数に取引量を採用しなかった。被説明変数と同時決定される恐れがあるためである。幾つかの操作変数が提案されており，Fafchamps and Hill（2005）においては木本植物であるコーヒーを対象として木の本数を操作変数にしている。また，Shilpi and Umali-Deininger（2008）は調査年における総取引量を操作変数に使用している。しかし，野菜流通においては木の本数は当てはまらないし，総取引量に関しては測定誤差の大きさが懸念される。素直に考えれば，取引量は販売方法を選択した結果であるアウトプット指標として捉える方が適切であろう。そこで，のちのトゥバサンの効果推計に用いることとした。評価費用の代理変数に取引量を用いない代わりに，詳細は次項で述べるが，収穫前の市場価格の分散を代理変数とした。この変数は農家と商人の交渉期間より前に決定されているので，同時決定の問題を回避できるからである。とはいえ，このような対処は欠落変数バイアス（omitted variable problem）を引き起こす恐れがある。このバイアスを完全に除去することは難しいが，取引の社会経済面を捉えたコントロール変

数を追加することで，欠落変数バイアスの低減に努めた。

2.2 変数

ここでは簡潔に，前日の計量モデルに用いる代理変数を説明し，一部の代理変数については後述の結果パートで詳細を述べたい。

農家の収穫費用 C^H の代理変数としては現地の状況を考慮して，「家計労働者数」と「雇用労働ダミー」（農家が収穫する際に賃金労働者を雇用する場合に1）を用いた。「家計労働者数」に関しては，家族労働者数が多いほど労働者を雇用する必要がなくなるために収穫費用が割安となる。そのためトゥバサンを選択しないと予測した。表2-1の記述統計量からも，トゥバサンを選択しなかった農家は「家計労働者数」か多いことが確認できるだろう。「雇用労働ダミー」に関しては，収穫が家計労働者により行われる場合（「雇用労働ダミー」が0）に収穫費用が低下するため，トゥバサンが選択される確率が低下すると考えられる[8]。

農家の輸送費用 C^T に関しては「バイクの所有ダミー」（バイクを所有している場合に1）と「同一集落の商人と取引ダミー」（農家と商人が同一の集落に居住している場合に1）を代理変数とした。農家自身が輸送する場合の費用が高いほどトゥバサンを選択すると考えられる[9]。そのため，輸送手段としてバイクを所有していればトゥバサンを選択すると予測した。次に，商人との距離が遠い程に農家が負担する輸送費は逓増するため，トゥバサンを選択すると考えられる。データの制約上，距離の正確な計測ができなかったため，農家と商人の居住地が一致するかどうかを距離の基準とした。粗い近似ではあるが，表2-1の記述統計量を見ると，このダミー変数の平均値が低い——商人との距離が遠い——のはトゥバサンが選択される場合である。

販売前の評価費用 C^M の代理変数として，「農地当たり1年間で取引した商人の数」，「携帯ダミー」（携帯電話を所有している場合に1），「価格分散」の3つ

---

8) 実際には農家がトゥバサンを選択する場合には，現金払い取引における収穫労働を観察できないため，生産過程における雇用労働の有無を代理変数とした。

9) 輸送費に関しても労働賃金の多寡が関係するため，収穫労働費に関する変数は同時に輸送費とも相関している可能性がある。しかし，本章では販売前の評価費用の検証に重点を置いているため，収穫労働費と輸送費の区分よりも，それらと販売前の評価費用の区分に重点を置いた。

表 2-1　記述統計量

	全サンプル		トゥバサン		非トゥバサン	
	平均	標準偏差	平均	標準偏差	平均	標準偏差
取引した商人の人数	1.33	0.59	1.20	0.45	1.58	0.72
携帯ダミー	0.74	0.44	0.77	0.42	0.69	0.47
雇用労働ダミー	0.61	0.49	0.67	0.47	0.51	0.50
家計労働者数	4.68	1.69	4.33	1.42	5.33	1.94
同一集落の商人と取引ダミー	0.66	0.47	0.57	0.50	0.83	0.38
バイクの所有ダミー	0.54	0.50	0.52	0.50	0.59	0.49
教育ダミー	0.19	0.40	0.26	0.44	0.08	0.27
家長の年齢	48.02	13.29	48.01	13.61	48.04	12.74
農民グループダミー	0.30	0.46	0.30	0.46	0.30	0.46
家から圃場までの距離（km）	0.81	0.93	0.88	1.10	0.70	0.46
土地所有ダミー	0.44	0.50	0.50	0.50	0.33	0.47
混作ダミー	0.07	0.26	0.02	0.13	0.17	0.38
金融ダミー	0.17	0.38	0.18	0.39	0.16	0.37
サンプル数	355		230		125	

（出所）筆者推計。

を用いた。「農地当たり1年間で取引した商人の数」が少なければ，関係的契約として継続的な取引がなされているとみなせる。圃場での評価に必要な情報が蓄積・共有されるようになり（仮説①），販売前の評価費用は低下すると考えられる（つまりトゥバサンが選択される確率が上がる）。実際，表2-1からトゥバサンが選択される場合の「農地当たり1年間で取引した商人の数」が少ないことが確認される。また，携帯電話を所有している場合も，農家から商人への円滑な情報提供が行われ，販売前の評価費用を低下させると考えられる。最後に「価格分散」は，作物を評価する際の不確実性の代理指標として採用しており，産地出荷市場の日別価格データから10（および20）日間の価格の分散で算出した。作物を評価する際の不確実性（事前の不確実性）が増加すれば，販売前の評価費用も増加する（Leffler et al., 2000; Leffler and Rucker, 1991）。その結果，トゥバサンを選択する確率は低下すると考えられる。また，「価格分散」が増加しても収穫費用と輸送費用には通常影響しないため，仮説検証に有効な代理変数である。

　上記以外の販売行動に与える要因を，各家計の社会経済的および農業生産の

特徴からコントロールした。具体的には次の6つである。家長の年齢・教育ダミー（家長の教育年数が6年以上の場合（小学校卒）に1，それ以外0）・農地の自己所有ダミー（所有している場合に1，それ以外0）・農民グループへの参加ダミー（農民グループに参加している場合に1，それ以外0）・金融ダミー（銀行口座を所有しているか，銀行から融資を受けた経験があれば1，それ以外0）・農家の家から農地までの距離[10]・混作ダミー（トゥンパンサリ（tumpangsari）と呼ばれる混作形式で栽培している場合に1，それ以外0）。また，作付した野菜の種類，集落単位の地域ダミーをモデルに含めた[11]。

2.3　データ

　調査地での主要な野菜は，インゲン・ジャガイモ・キャベツ・ハクサイ・ニンジン・トウガラシ・ネギ・セロリ・チンゲンサイ（caisin）の9種であり，そのうちトウガラシを除き販売に関するデータを使用した[12]。データ単位は2011年7月下旬から2012年7月中旬までの1年間に行われた取引である。農家が所有する農地，収穫時期，野菜の種類を全て区別している[13]。家計，もしくは農地ごとに個々の取引を集計することはトゥバサンの実態を把握する上で

10）　農家が所在する集落の中心から農地までの距離は，収穫労働者の雇用にかかる費用，また商人への情報提供のしやすさに影響すると考えた。

11）　序章1.2で述べたように，野菜の特徴はその腐敗性にあることを考えれば（Siamwalla, 1978），野菜の種類ごとの違いも契約選択に影響する可能性はある。例えば，ニンジンやジャガイモといった根菜は，キャベツや白菜などの葉物野菜と比べて（有意差はないものの）トゥバサンが選択される場合が多い。しかし，その要因を作物特性に求めるにはデータが十分ではないし，本章で焦点を当てている契約選択の要素でもない。そのためここでは，野菜の種類ごとの違いに踏み込んで分析することはせずに推計モデルのコントロール変数とし，そのパラメータの解釈はしないこととする。

12）　データ分析の際にはトウガラシのサンプルを除外した。収穫期が長期に及ぶためトゥバサン選択時の市場価格の特定化が困難な点と，他の野菜に比べて単価が高いため交渉における評価過程でデータから捕捉できない違いが生じると考えられたからである。

13）　混作（tumpangsari）の場合，一つの農地から複数の野菜が生産されるため集計する必要があると思われるが，本章では野菜ごとに取引を区別した。各農産物の土地面積を示す変数はその農地の面積として比例配分はしなかった。混作が行われている場合は全取引の8%程度と少ない点や農地を比例配分する際の基準が恣意的である点と，混作をした場合発生する農産物間の相関は推定の際に農地単位の頑強な分散推定を行うことで解決できるからである。さらに取引量で按分することや，混作が行われたサンプルを除去することも試みたが以後の主要な結果には影響はなかった。

適切でないと考えたからである。ジャワの野菜農家の実態として，野菜農家は単一生産を行うのは稀で，季節や農地の環境に応じて複数の野菜を生産しており，農地・収穫時期・野菜ごとに販売方法が異なるのである。調査村で観察された 1 年間 582 回の取引データから欠損のないサンプルを使用したが，労働・輸送費用の検証に使用可能な欠損のないサンプル数は 355 であった。

3. 分析結果

3.1 労働・輸送費用に関する検証結果

収穫・輸送に関する費用で農家がトゥバサンを選択しているかを検証した。まず，収穫労働にかかる費用に関する仮説検定では表 2-2 の (1) に示した通り，「家計労働者数」は符号条件が仮説と整合的であり，有意差が確認された。ただし，「家計労働者数」は収穫労働費を代理するものであり，収穫労働者の監視費用の多寡を代理するかが不明である。そこで監視費用の影響を「雇用労働ダミー」で検証した。「雇用労働ダミー」は潜在的に収穫作業に労働者を雇用するか否かの変数であり，労働者を雇用する場合は監視費用が高くなるはずである。結果を見ると，仮説通りのパラメータの符号が得られ，1% 水準で有意差が確認された。これは他の要因をコントロールしても同じ結果であった（表 2-2 の (4)）。この結果を言い換えれば，家計労働者数が少なく，また賃金労働者を用いないで農業生産している場合にトゥバサンが用いられていると言える。また，比較的貧しい農家のための取引形態と解釈することもできる。

輸送にかかる費用に関する仮説検定の結果，農家が同一集落の商人と取引する場合は符号が負であり有意差があったため，仮説と整合的であった（表 2-2 の (2)）。他方で，潜在的に輸送費用を低下させると考えられる輸送手段の「バイクの所有ダミー」は符号条件を満たしていたが，有意差は出なかった。その要因としては現金払い取引であっても農家自身がバイクで運搬することが調査村でほとんど見られず，輸送に係る費用を代理できなかった点が挙げられる[14]。この結果から，商人の行動範囲から離れた市場アクセスの悪い農家はトゥバサンを用いると言える。

表2-2　トゥバサンの選択要因の限界効果

説明変数	(1)	(2)	(3)	(4)	(5)	(6)	(7)
雇用労働ダミー	0.207**			0.189**	0.194**	0.193**	0.194**
	(0.0876)			(0.0835)	(0.0830)	(0.0797)	(0.0833)
家計労働者数	-0.281**			-0.184**	-0.192**	-0.176*	-0.189**
(log)	(0.1093)			(0.0933)	(0.0961)	(0.0905)	(0.0952)
同一集落の商人と		-0.248***		-0.206***	-0.205***	-0.195***	-0.207***
取引ダミー		(0.0621)		(0.0630)	(0.0627)	(0.0637)	(0.0629)
バイクの所有ダ		-0.160*		-0.0958	-0.100	-0.0967	-0.0992
ミー		(0.0734)		(0.0740)	(0.0743)	(0.0748)	(0.0741)
取引した商人の数			-0.315***	-0.187**	-0.189**	-0.158*	-0.186**
(log)			(0.0891)	(0.0890)	(0.0893)	(0.0891)	(0.0892)
携帯ダミー			0.188**	0.136*	0.132*	0.108	0.126
			(0.0875)	(0.0813)	(0.0800)	(0.0789)	(0.0812)
10日前価格分散			-0.0436	-0.0658			-0.0308
			(0.0789)	(0.0765)			(0.0838)
20日前価格分散					-0.146**	-0.225**	-0.132*
					(0.0700)	(0.0901)	(0.0752)
農地面積 (log)×						0.0881*	
20日前価格分散						(0.0505)	
教育ダミー	0.191**	0.259***	0.192***	0.195***	0.205***	0.186***	0.203***
	(0.0793)	(0.0673)	(0.0729)	(0.0696)	(0.0679)	(0.0705)	(0.0680)
家長の年齢 (log)	0.201	0.0458	0.0538	0.160	0.157	0.138	0.156
	(0.135)	(0.122)	(0.112)	(0.119)	(0.120)	(0.118)	(0.119)
農民グループダ	0.114	0.0304	0.00261	0.0443	0.0387	0.0531	0.0393
ミー	(0.0778)	(0.0832)	(0.0844)	(0.0764)	(0.0769)	(0.0731)	(0.0766)
家から圃場までの	0.0129	0.0116	0.0112	0.0130	0.0114	0.00393	0.0113
距離 (log)	(0.0251)	(0.0246)	(0.0227)	(0.0233)	(0.0238)	(0.0246)	(0.0237)
土地所有ダミー	0.0204	0.0396	-0.000721	-0.0000659	0.00110	-0.000137	0.00241
	(0.106)	(0.0995)	(0.0999)	(0.0895)	(0.0886)	(0.0857)	(0.0893)
混作ダミー	-0.272*	-0.399***	-0.348***	-0.146	-0.143	-0.117	-0.146
	(0.155)	(0.139)	(0.134)	(0.158)	(0.158)	(0.155)	(0.157)
金融ダミー	-0.0159	0.0823	-0.0377	0.00148	0.00619	-0.0325	0.00487
	(0.103)	(0.0929)	(0.102)	(0.0946)	(0.0933)	(0.0892)	(0.0936)
サンプル数	355	355	351	351	352	352	350
擬似決定係数	0.2629	0.2806	0.2809	0.3678	0.3690	0.3805	0.3696
対数尤度	-169.759	-165.69169	-163.48232	-143.73428	-144.10519	-141.49147	-143.04058

(注)（　）内は標準誤差を表す。表には記載していないが，全ての推計モデルで地域ダミーと作物ダミーを説明変数に含めている。平均限界効果は独立変数を x，従属変数を y とおけば x の要素 x_j の変化の期待値として $\partial E(y \mid x)/\partial x_j$ と計算した。価格分散に関する変数を追加した結果，サンプル数が355から減少した。*** =1% 水準での有意差，** =5% 水準での有意差，* =10% 水準での有意差。
(出所)　筆者推計。

3.2 評価費用の検証結果

交渉時の評価費用に関する仮説検証を行い，トゥバサンの選択要因の一つが
この評価費用となっている点を確かめた（表2-2の（3））。まず，前述のように
「農地当り1年間で取引した商人の数」が多ければ，商人との関係性が弱いは
ずであり，評価費用も高くなると考えた。表に示したように，符号条件が仮説
通りであり有意差も確認された。次の代理変数が「携帯ダミー」である。携帯
電話を所有している家計は商人との情報交換を円滑化でき，評価費用を軽減す
ると考えられる。しかし，この仮説は支持されなかった。符号条件は一致する
ものの，他の要因をコントロールすると有意差は確認されなかったのである（表
2-2の（4））。このような結果が得られた要因としては，一部の農家は携帯電話
を他者から借りており，代理変数として「携帯ダミー」は不十分だった可能性
がある[15]。最後の代理変数が「価格分散」である。「価格分散」が表す市場価
格の変動が大きいとき，将来の価格，および売買可能量の予測が難しくなり，
評価費用が増加すると考えらえる。また調査地では，収穫前の約2週間で交渉
を行っている点から，収穫から10日前までの価格分散（「10日前価格分散」），
および収穫20日前から10日前までの価格分散（「20日前価格分散」）を変数と
して加えた。結果を見ると，「20日前価格分散」は仮説通りの結果が得られ有
意差が確認されたが，「10日前価格分散」については符号条件の一致が見られ
たものの有意差は得られなかった（表2-2の（4）・（5）・（7））。収穫の1週間前
であっても交渉は行っているはずだが，交渉のプロセス自体はそれ以前から行
われていると解釈できる。まとめれば，「価格分散」が低いとき，つまり市場
価格が安定している場合は農家がトゥバサンを選択するという結果が確かめら
れたわけである。

別の視点からは，Nachuk et al.（2006）が指摘したリスク回避的な農家に選
択されるトゥバサンとは対照的な結果が得られたと言える。農家がトゥバサン

14）　なお，野菜の輸送手段として使われているバイクを識別すればより厳密な検証ができるが，
　　調査項目の制約上，そのようなデータを得ることができなかった。

15）　実際にどのように商人と連絡を取るかをC村の農家に聞いた時，携帯電話を持っていなくて
　　も知り合いから借りられるとの答えがあった（調査村で普及していた携帯電話がプリペイド式
　　だったのもその一因かもしれない）。

を選択する要因は農家のリスク回避的な行動なのか，それとも評価費用による
ものなのかをさらに検討することは重要だろう[16]。そこで，農地面積が大きく
なってもリスク回避行動は直接的な影響を受けないが，評価費用は増加する点
を利用し，農地面積と「価格分散」の交差項を推計に含めた。結果を見ると，
交差項のパラメータが正で有意差が確認された（表2-2の（6））。農家のリスク
選好の計測などの詳細な分析が必要ではあるものの，評価費用がトゥバサンの
選択要因になっていることを裏付ける証拠の1つとして解釈できるだろう。

3.2.1 トゥバサンの効果推計

　農家がトゥバサンを選択する要因をここまで分析してきたが，トゥバサンに
参加した結果が農家に与える影響も重要であろう。具体的には，農家の利潤・
取引価格・取引量が増加するかを検討するのである。伝統的流通の内部におい
て取引形態の違いによる影響を検討する意義は小さいように思えるかもしれな
いが，近代的流通を取引形態で識別しているインドネシアの研究例は数少ない
状況にある。というのも，最終的に近代的流通主体であるスーパーマーケット
に流通していたとしても，農家は契約栽培をしているとは限らないという実態
があるため，農家の直接の売り先や取引形態ではなく農家の最終的な売り先に
より区別しているのである（たとえば Sahara et al., 2015; Slamet et al., 2017）[17]。
これらの研究では農家所得の向上が報告されているものの，農家と商人の取引
形態が影響するかは不明であり，また流通革命の中で伝統的流通の変容を指摘
した Vetter et al.（2019）を補完する点でも本章で（販売契約とみなせる）トゥ

---

16)　たとえば，気候変動の影響を受けやすい，もしくは価格変動が大きい作物はリスクが高いた
め，リスク回避的なプリンシパルはリスクを減少できる契約方法（たとえば Stiglitz（1974）に
より注目された分益小作制など）を選択すると考えることができる。そのため，リスク選好の
程度を作付け品目で代理することで（作付け品目ダミーのパラメータを解釈する），分析を進め
る方がいいように思われるかもしれない。しかし，取引方法の意思決定と作付け品目の決定は
同時に決定されるため，内生性の問題が生じる（分益小作における内生性問題については Acker-
berg and Botticini（2002）を参照されたい）。これと同様の議論が本章の分析にも当てはまる。
仮に作付け品目ごとに農家のリスク選好の順序付けが可能であったとしても，この内生性の問
題を解決しない限り，作付け品目の係数パラメータは解釈できないのである。さらに言えば，
作付け品目ダミーのような社会経済要因をコントロールする目的で含めた変数を解釈してはい
けないのである。

17)　なお野菜を対象とはしていないものの，取引形態に着目して契約栽培の所得への影響を Sim-
mons et al.（2005）は報告しており，トウモロコシ（種用）と養鶏では正の効果があるものの，
米（種用）では影響しないことを明らかにしている。

表2-3　トゥバサンに参加する効果

	ATE			ATET
	OLS	IPW	DR	
利潤	−0.71***	−0.49**	−0.40**	−0.24
農家庭先価格	−0.48***	−0.43**	−0.19**	—
取引量	0.01	0.36**	0.21**	—

(注) IPW は逆確率による重み付き推定量(inverse probability weighting esti-
mator)，DR は二重にロバストな推計量（doubly-robust estimator）を
表す。その詳細は補論を参照されたい。なお，農家庭先価格，取引量に
対する ATET の推計を試みたが，最適化計算が収束しなかった。
(出所) 筆者推計。

バサンによる農家経営状態への影響を評価することは重要な試みだと考える。

　販売契約の農家経営への影響を推計するためには，農家の選択行動により生
じるバイアス（選択バイアス）を除去する必要がある。つまり，あたかもラン
ダムに販売契約をするように割り当てられた農家とそうでない農家を比較でき
る状況を意図的に作り出す必要があるのである。そうした推計方法の詳細は補
論に譲り，ここではその結果を述べるに留める。

　まず選択バイアスをコントロールしなかった結果を示す。トゥバサンへの参
加の有無を説明変数とし，利潤・農家庭先価格・取引量を被説明変数とした最
小二乗法（ordinary least squares：OLS）による推計値を用いた[18]。その結果，
利潤と農家庭先価格のパラメータは有意差が確認され，（トゥバサンに参加する
ことで）それぞれ0.71，0.48減少していた（表2-3）。その一方で取引量のパラ
メータからは有意差が確認されなかった。そして，選択バイアスをコントロー
ルしたうえでのトゥバサンの平均介入効果（average treatment effect：ATE）
を見ると，利潤と農家庭先価格に有意差がある点は変わらないが，その影響は
OLS の場合より小さくなった。また，取引量は有意差が確認され増加した。
この結果よりまず，トゥバサンに参加することで農家は利潤を下げると言える。
そして，農家庭先価格と取引量に関する結果は理論的に整合的なものである。
農家庭先価格は商人が請け負うことになる収穫労働費の分だけ低下するはずだ

18)　推計に使用したデータのうち，取引量の算定に関して，トゥバサンをする場合には農家が取
　引量を観察できない問題が生じる。そこで，欠損があった場合は売上高を取引交渉時に決定さ
　れた価格で除して算定した。なお取引量は生産量とは異なる。自家消費の分量は少ないものの，
　多くの農家が自家消費をしているため正確な生産量は得られないと考えた。

からである。また，現金払い取引の際には収穫物が計量される際に明らかに市場で売れないものなどが除外されることもあるため，逆にトゥバサンでは取引量が高くなるのである。

　しかし，一見するとなぜ農家が利潤を低める販売契約を選択するのか違和感を覚える読者もいるかもしれない。この疑問に答えるため，トゥバサンを選択した農家だけを対象に，現金払い取引からトゥバサンに代えたときの効果，すなわち処置群における平均介入効果（average treatment effect on the treated：ATET）を推計した。その結果，利潤に対して有意な影響を与えていないことが分かった（表2-3）。そのため，利潤には影響ないが，前節までに明らかにした種々の要因により合理的にトゥバサンを選択していると解釈できる。そして逆に言えば，現金払い取引を選択している農家がトゥバサンを選択すれば大きく利潤を落とす可能性があるのである[19]。つまり，本章の調査対象者は同質的ではなく，そこに異質性（heterogeneity）が存在することが予想される。

　そこで農家の属性の違いにより，どのように利潤・農家庭先価格・取引量への影響が変わるかを調べた。そのためにまず，各サンプルのATEの予測値を得たのち，それを従属変数として農家の属性変数へと回帰させた。農家の従属変数には家計労働者数・教育ダミー・家長の年齢・家計資産額・農民グループへの参加ダミー・農地の自己所有ダミー・金融ダミーを採用した[20]。結果をまとめた表2-4から，トゥバサンを選択することで利潤を向上できる家計は，家計人数が少なく，金融制約に直面しておらず，そして農民グループに参加している点を特徴として挙げることができる。特にパラメータの大きさを見ると，金融制約の影響が大きい。その一方で，家計資産額は農家の階層性を表す重要な変数であり，貧しい家計の方がトゥバサンで利潤を上げやすいと思われたがそうはならず，符号条件は一致しているものの有意差は確認されなかった。

---

19)　ATEでマイナスの効果があるにも関わらずATETで効果がなかったことから，現金払い取引を選択した農家に対する平均介入効果が大きくマイナスになっていると考えた。この点を直接推計できれば良かったが数値計算が収束しなかったため，あくまで推測である。

20)　家計資産額は車，バイク，トラクター，テレビセット，携帯電話，家畜の資産価値を合計して算出した。

表 2-4　トゥバサンに参加する効果に対する農家属性の影響

説明変数	利潤	利潤	庭先価格	庭先価格	取引量	取引量
家計労働者数	−2.893***	−2.828***	−0.161***	−0.0257	1.307***	0.904***
（log）	(0.233)	(0.267)	(0.0462)	(0.0394)	(0.240)	(0.242)
教育ダミー	0.271*	0.274	−0.0642***	−0.0292	0.370**	0.382**
	(0.158)	(0.170)	(0.0234)	(0.0290)	(0.153)	(0.150)
資産額（log）		−0.0273		−0.0707***		0.215***
		(0.0354)		(0.00599)		(0.0292)
家長の年齢	−0.466*	−0.475	0.0841*	0.149***	−0.557**	−0.927***
（log）	(0.255)	(0.302)	(0.0492)	(0.0441)	(0.255)	(0.231)
農民グループダ	0.236*	0.227*	−0.0419	−0.0805***	−0.0617	0.0339
ミー	(0.126)	(0.128)	(0.0306)	(0.0222)	(0.144)	(0.120)
土地所有ダミー	−0.149	−0.114	0.0263	0.0740***	−0.105	−0.140
	(0.122)	(0.124)	(0.0309)	(0.0198)	(0.141)	(0.0914)
金融ダミー	0.250*	0.280*	−0.107***	−0.0453*	0.415***	0.190*
	(0.136)	(0.152)	(0.0257)	(0.0241)	(0.128)	(0.110)
サンプル数	184	182	260	243	264	245
決定係数	0.819	0.816	0.817	0.901	0.676	0.763

（出所）筆者推計。

4.　考察

　収穫前の契約交渉における評価費用が農家の契約選択に影響している点から，小規模経営農家の近代的流通への参加可能性を検討したい。従来は Nachuk et al.（2006）が観察したように，スーパーマーケットの求めに応じて迅速に野菜を選別・集荷するのは商人であり，商人がこの評価費用を負担すると考えられていた。しかし，近代的流通に参加するために必要な高品質な野菜を集荷するための評価機能をトゥバサンによって農家が分担する仕組みになっていることが本章の結果から推察される。たとえば，農家には評価費用を低減させるために，野菜の品質情報を商人に提供することを思い出したい。これは従来の見方とは異なる結果である。そして，評価費用の負担割合によって近代的流通に起因する価格プレミアムが分配されると仮定すれば，農家が評価費用を分担することで価格プレミアムの一部を農家も受け取れることを意味する。また，（本章 1.1 で述べた）理論的な観点からは，トゥバサンは契約栽培や出荷組合の形成などの関係性を強めた取引形態へ移行するインセンティブを持つ取引形態で

ある。そのため，契約栽培や出荷組合の前段階として解釈でき，近代化に向けた伝統的流通の適応過程と捉えることができる。従って，契約栽培に参加できないことをもって近代的流通から排除されてしまうとする従来の議論は極端な見方であり，ジャワの実態を反映していない。Vetter et al.（2019）の伝統的流通を見直す議論の流れに沿って考えれば，本章はその取引形態での事例を提示したと位置づけることができる。

　他方で現状，農家所得の向上という点ではこのような伝統的流通の近代化は望ましくないと考えられる。近代的流通向けの野菜生産で得られる価格プレミアムの大部分が商人に吸収されるのであれば，農家の所得向上は望めない。たとえば，Hernández et al.（2015）はジャワのトマト流通において，この価格プレミアムを排他的に商人が享受している点を指摘している。本章の結果が示したように，農家が品質評価過程に参加できていても主な選別や加工サービスを商人が行っている点から，評価費用の大部分をやはり商人が負担している。そのため，価格プレミアムの大部分は商人に帰属するだろう。そうならないためには，農家自身が生産設備への投資を行い営農ノウハウを蓄積することが重要である。しかし，トゥバサンを選択する農家は小規模経営であり，このような対応は難しいのが現状である。

　そのため，伝統的流通への公的サポートはやはり必要である。特に，小規模経営農家への金融サービスのアクセスを拡充する必要性を指摘したい。本章の結果は，金融サービスへのアクセスが悪い農家の方が，トゥバサンを選択することで得られる利益が低いことを示したからである。また金融サービスへの需要の高さは，近代的流通に参加している商人と農家の間では信用供与が見られている点からも示唆されるところである（1章およびHernández et al.（2015）を参照）。そして，トゥバサンの総額契約としての特性は組合組織の形成や契約栽培への移行へのインセンティブを持つものであり，このような資金制約の解消により伝統的流通自体の発展に繋がると考えられる。

　本章の制約としては，近代的流通で用いられるトゥバサンを直接の対象とできなかった点を挙げておく。近代的流通の購買取引はかなり限られた地域でしか観察できず，十分なサンプル数を確保できなかったのがその理由である。そのため，今後の継続的な調査が必要な点を付記しておきたい。

おわりに

　本章では，伝統的流通の集荷取引であるトゥバサンに着目した。そして契約栽培や組合などの組織的対応なしで近代的流通への供給源となりうるか，という伝統的流通の適応性を検討した。検討手順としてはトゥバサンの総額契約という特性を検討し，農家に選択されている要因となっているか否かという点から検証した。既存研究では収穫請負契約として認識されてきたトゥバサンを，総額契約による販売として捉えなおした点が本研究の特徴である。

　まず，トゥバサンを選択する農家の特徴として，商人との距離が遠いという意味で市場アクセスが悪く，金融サービスを受けることができず，さらに収穫労働者への賃金支払いおよび監視費用が負担になる点を明らかにした。これらは小規模経営農家の特徴であり，その市場参加を可能とする仕組みをトゥバサンが備えていると言える。次に，トゥバサンは総額契約としての特徴を持ち，評価費用の多寡で選択される点を確かめた。この評価費用には SS が求める品質評価の費用も含み，その低減を可能とする手段として World Bank（2007）で見られた契約栽培や組合などの組織化が挙げられる。その点で近代的流通に参加するプロセスとしてトゥバサンを位置づけることができる。そのため，小規模経営農家は近代的流通から排除される存在と捉えるべきではないだろう。

　しかし，近代的流通が想定する契約栽培などの新たなシステムに代わる伝統的流通に依拠した近代的流通への農家の参加は，持続的な農産物市場の発展という視点からすればベストな選択とは言えないだろう。なぜなら，近代的流通への参加で農家が所得を向上させられるかは不透明であり，近代的流通の要求に農家が応えるようになるには，生産管理や販売技術の向上に向けた公的なサポートが依然として必要な状況にあるからである。

【補論】 トゥバサンによる介入効果の推計方法

推計したトゥバサンの選択モデルを元に，現金払い取引からトゥバサンへ取引方法を変更することで取引の成果（利潤や取引価格）がどの程度変化するかを推計した。トゥバサンの選択が取引の成果に与える影響は単にトゥバサンを選択したグループとそうでないグループの利潤を比較しただけでは正確な効果推計はできない。例えば，技術水準が高い農家がトゥバサンを選択する傾向にあった場合，トゥバサンを選択したから利潤が高くなったのか，それとも生産技術の高い農家が集まったから利潤の高さが推計されたのか区別がつかないであろう。このような経済主体（ここでは農家）の行動選択で生じたバイアスは選択バイアス（selection bias）と呼ばれる。

バイアスの混入を防ぐためには，取引方法が無作為割り当てされた状態になるように推計方法を工夫する必要がある。つまり，トゥバサンの選択要因をコントロールして擬似的に農家がトゥバサンの履行を無作為に割り当てられた状況を作るのである。なおトゥバサンによる介入効果を計測する母集団の違いにより，介入効果には以下の三つがある。①トゥバサンを実際に選択した取引とそれらの取引が仮想的に現金払い取引だった場合の差，②現金払い取引を実際に選択した取引とそれらの取引が仮想的にトゥバサンであった場合の差，③全てのサンプルで現金払い取引からトゥバサンに仮想的に変更した場合の差である。①は処置群での平均介入効果（average treatment effect on treatment），②は対照群での平均介入効果（average treatment effect on the untreated），③は平均介入効果（average treatment effect）と呼ばれる（星野, 2009）

本書で扱うような無作為割り当てが不可能な状況で因果効果を推定する方法として Rosenbaum and Rubin (1983) の提案した傾向スコア（propensity score）の利用が一般的である。傾向スコアとは，割り当てを規定する共変量（Covariate）のもとでサンプルがある事象に割り当てられる確率で定義される。星野 (2009) に従えば，対象者 i（本研究ではデータの単位である取引に相当）の共変量の値を X_i，割り当て変数の値を D_i（トゥバサンが割り当てられた（選択された）場合に 1，それ以外は 0）とするとき，トゥバサンが対象者 i に割り当てられる確率 e_i：

$$e_i = Prob(D_i = 1 \mid X_i) \tag{2-4}$$

が対象者 i の傾向スコアである。つまり，各サンプルにおいてトゥバサンが選

択される確率が傾向スコアになるのである。傾向スコアを利用した効果推定法としてはマッチング，逆確率による重み付き推定法(inverse probability weighting：IPW)，回帰分析と傾向スコア法を組み合わせた二重にロバストな推計量(doubly-robust estimator：DR) などが挙げられる[21]。その中で本研究は DR 法をメインにした。まず，サンプル間の農地レベルでの相関が存在するためマッチングは利用できないからである。また，本章で扱った農家の販売方法の選択モデルが間違っているとすれば IPW は十分でないが，回帰モデルが間違っていなければ一致性のある結果が得られる DR は頑強な推計法だからである (Imbens and Wooldridge, 2009; Wooldridge, 2007)。

Hirano and Imbens (2001) に従い，トゥバサンの農家のアウトプット変数（利潤・農家庭先価格・取引量のいずれか）への平均介入効果 τ は，後述する前提条件が満たされた場合に次のように定式化される。

$$
\begin{aligned}
\tau &= E[\tau(X_i)] \\
&= \mathrm{E}[Y_{1i} - Y_{0i} \mid X_i] \\
&= \mathrm{E}[Y_{1i} \mid D_i = 1, \ X_i] - \mathrm{E}[Y_{0i} \mid D_i = 0, \ X_i]
\end{aligned}
\tag{2-5}
$$

X_i はサンプル i の共変量，D_i はトゥバサンを行なったサンプルで 1，それ以外では 0 となる変数，Y_{1i} はトゥバサンをする場合 ($D_i=1$) の時のアウトプット変数，Y_{0i} はトゥバサンをしない場合 ($D_i=0$) の時のアウトプット変数である。$\hat{P}_i$ をサンプル i の傾向スコアとおくと，逆確立の重み付け ω_i は

$$
\omega_i = \frac{D_i}{\hat{P}_i} + \frac{1 - D_i}{1 - \hat{P}_i}
\tag{2-6}
$$

である。なお，重み付けの合計が 1 になるように標準化している。ω_i で Y_{1i} と Y_{0i} に重みを付けて Y_i を得たのち，次の線形回帰モデルを推計することで平均効果 τ を推計した。ここで，Z_i は共変量 X_i の部分集合，$\bar{Z}$ は Z_i のサンプル平均である。

---

21) 経済学における政策効果の推定への応用例に関して Imbens and Wooldridge (2009) が詳しい。二重にロバストな推計量に関して，Robins and Rotnitzky (1995) と Robins et al. (1995) に詳しい。二重にロバストな推計量による効果測定は応用経済学で利用されることは少なく，主に疫学の実証分析で使用されているが，Imbens and Wooldridge (2009) は社会制度の効果に関する分析を行なっている。

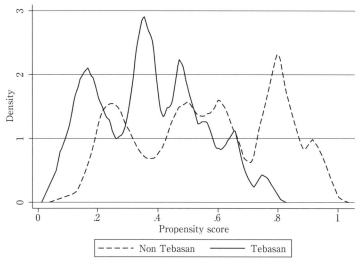

図2-3　農家の販売方法別の傾向スコアの分布

（出所）筆者推計。

$$Y_i = \alpha_0 + \tau D_i + \beta_1' Z_i + \beta_2' (Z_i - \bar{Z}) D_i + \varepsilon_i. \tag{2-7}$$

　傾向スコアを算出するために，本文のプロビットモデルにおけるフルモデル（表2-2の(4)）において，5%水準で有意差が確認された変数を X_i に採用した。そして傾向スコアはプロビットモデルにより算出した。また，これらの変数を独立変数として取引の成果（利潤・農家庭先価格・取引量）を被説明変数としたOLS推計を行い，t統計量が1を上回った変数を Z_i に採用した[22]。

　DRを採用する際の前提条件として，共変量のもとで従属変数と割り当て変数が独立であること（unconfoundedness）に加え，傾向スコアの値が0から1の間であること（overlap condition）が必要である（Imbens and Wooldridge, 2009; Rosenbaum and Rubin, 1983）。一般的にUnconfoundednessの確認は困難であり（Heckman et al., 1997; Rosenbaum, 1987），確定的な手法は存在しない。そこで，

---

22)　取引の成果を説明するには説明変数がシンプル過ぎるように思われるかもしれないが，農業労働賃金や肥料・種子価格など投入要素に関連する変数を含めると内生性の問題が新たに発生すると考え，ここでは除外した。サンプル数も限られているなど他にも問題があることから，このトゥバサンの効果推計の結果は厳密性を追求したものというよりも，議論の幅を広げるために提示している点に留意されたい。

ここでは慣習的に用いられている手法を用いて unconfoundedness を確認した。傾向スコアで共変量を重みづけをしたのち，対照群と処置群に違いがないことを確認する方法である。結果的に違いがないことが確かめられたため，簡便ではあるが unconfoundedness は満たしているとした。

　次に，傾向スコアの値が極端に0もしくは1に偏らずに0から1の間にあること（overlap condition）を満たす必要がある。図2-3に傾向スコアの分布を示した。完全に overlap condition を満たしているわけではないが，極端な傾向スコアのサンプルを除外することで条件を満たすと考えた。そこでCrump et al.（2009）が示した基準である0.1から0.9の範囲に傾向スコアを限定した効果推定を行なった。

第 3 章
契約栽培の導入地域における伝統的流通

はじめに

　本章では，スーパーマーケットへの販売に特化した産地業者(SS)側の視点，つまり近代的流通の視点から，前章までに明らかにした伝統的流通の動態を再検討する。本章の調査対象とした SS は前章までの調査地域における SS ではなく，World Bank（2007）で取り上げられた SS である。理由は次の2点である。1点目は近代的流通がインドネシアの産地を取り込む先駆的な事例として頻繁に参照されるからである。すなわち，前章までの知見を複眼的に理解するための参照点とすることができる。2点目は，2000年代以降の SS の変化を追うことができるからである。特に近代的流通の産地参入の成否を決める契約栽培の展開は，近代的流通を伝統的流通の立場から理解する上で重要な視点と言える。

　World Bank（2007）によると 2006 年時点のジャワでは，スーパーマーケットによる契約栽培は主に SS および農業企業（agricultural firm）を通じて行われており，小規模な農家とスーパーマーケットが直接的に契約を結んでいるわけではない。当時スーパーマーケットのジャワへの進出とともに，多くの SS と農業企業が経営規模を拡大していた。そのため，ジャワの流通革命における大きな特徴として SS と農業企業の台頭を捉えることができる。

　また同時に，スーパーマーケットとの取引よりもホテルやレストランへの販売，さらに近隣諸国への輸出を志向する農業企業の存在が同文献で指摘されている。スーパーマーケットから販売代金を回収するためには時間がかかり決済負担が大きいがゆえに，スーパーマーケット以外に品質の高い農産物を販売するようになったのである。また，スーパーマーケットによる突然の値下げ交渉やリベートの要求もその一因である。このように，SS と農業企業を起点とした契約栽培の展開が農産物流通の近代化へ繋がるかは不透明な状況であった。さらに，スーパーマーケットの市場シェアが 2016 年以降に頭打ちしていることは既出ではあるが，SS や農業企業の動向に変化があったことを示唆するものである。

　ところが，その後の SS と農業企業の動向を明らかにした研究はほとんど存在していない。数少ない研究例として農業企業の購買元である組合組織の実態を明らかにした Freddy and Yanagimura（2018）があるが，World Bank（2007）の調査対象を経年比較しているわけではない[1]。そこで，本章ではジャワにお

ける契約栽培の進展と伝統的流通の変化との関係性を明らかにすることを目的
とする。そのため，2019 年 8 月に World Bank（2007）で報告された SS と農
業企業に対するインタビューを行った。

　以下ではまず，World Bank（2007）が対象とした SS と農業企業の変化につ
いて概観する。そして，契約栽培の継続性に関する理論的な分析を行う。この
分析結果を利用して，詳細な聞き取り調査を行った一部の SS と農業企業に関
する事例を分析する。最後に，本章の結果とこれまでの 1 章・2 章の内容も含
め，産地流通における伝統的流通の意義を総合的に検討する。

1. SS の衰退と契約栽培農家の展開

　スーパーマーケットと生産者の間でどのように取引が変化してきたかを分析
する上でまず，World Bank（2007）を参照し，SS・農業企業の 2 つの流通経
路が存在する点に着目する。

　図 3-1 で「流通経路 1」として SS の流通経路を示した。SS は自ら農業生産
を行わず，農民グループや個別農家から野菜を集荷しており，自社で等級別に
分類したのちパッケージングを行い，スーパーマーケットへ出荷する。多少の
バリエーションがあるものの，これはインドネシアにおける SS の代表格と見
なされているビマンドリ（Bimandiri）の流通形態である。次に「流通経路 2」
では，「流通経路 1」と違い農業企業が自ら農業生産をしている。事業拡大に
伴い，農民グループや個別農家と契約を交わしているケースが多い。World
Bank（2007）が対象とした農業企業を例に挙げると，農民グループと契約し
組合（cooperatives）の形をとっている農業企業がアリティファック（Koppetrien

---

1)　Freddy and Yanagimura（2018）は，2016 年にバンドゥン北西に位置するチサルア群・パロ
　　ンポン群・レンバン郡において 2 つの組合（cooperatives），2 つの農民グループ組合（farmer
　　group union）と 10 の農民グループに対してインタビュー調査を行っている。本文中で述べた
　　「組合組織」はこれら 3 種類の組織の総称である。後二者の農民グループ組合と農民グループに
　　比べ，法的に制度化されている組合はスーパーマーケットに好まれる（取引先サプライヤーと
　　しての条件を満たす）点が指摘されている。また，農民グループ組合と農民グループでは組織
　　のリーダーが自己の利益追求を優先してしまいスーパーマーケットへの共同出荷に注力しない
　　などの課題があり，小規模農家が近代的流通に参加するための手段としては不十分な点も指摘
　　されている。

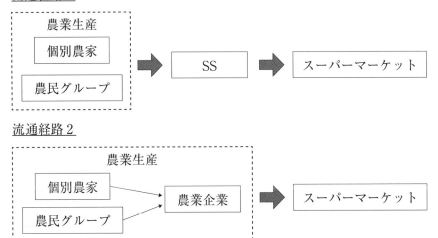

図 3-1　SS と農業企業の流通経路

（出所）World Bank（2007）より筆者作成。

Al Ittifaq)である。また，個別農家と契約している農業企業がリコファーム(Lyco Farm)・ブキットオーガニック（Bukit Organic）・デディン（Deding）・ヒクマー（Hikmah）である。

　上記の2つの流通経路において一部の農業企業を除けば，SS もしくは農業企業の市場退出が2019年までに進むとともに，生産者（個別農家・農民グループ）との契約栽培が打ち止めになっていた。まず，流通経路1においては，World Bank（2007）が3社の SS を報告していたが，そのうちビマンドリを除く2企業が市場から退出していたのである。さらに，ビマンドリが順調に業績を伸ばしたわけではない。World Bank（2007）の中でビマンドリが直面していた問題として，契約栽培のコストが過大な点が挙げられていた。2019年に筆者が訪問すると，ビマンドリは契約栽培を取りやめており，野菜の加工およびパッケージングに特化していたのである。一方の流通経路2では，農業企業により明暗が分かれている点が直接観察された。まず，ブキットオーガニックが市場から退出しており，リコファームは経営規模を縮小していた。この二つの農業企業は有機栽培を積極的に取り入れており，個別農家の育成も積極的に行っていた点が共通していたが，結果的に上手くいかなかったのである[2]。しかし，

アリティファックは新品種の栽培にも積極的であり，順調に業績を伸ばしている点が窺えた。

　SS・農業企業が市場から退出しつつある中で，契約栽培を行わなくなった生産者は誰に販売するようになったのだろうか。ビマンドリとリコファームへの聞き取りによれば，従前のようにSSや農業企業に販売することもあるが，主に伝統的流通の卸売市場へと生産者は販売するようになったのである。具体的な経緯としては，まずスーパーマーケットが求める規格・品質を契約栽培に取り組む間に生産者は理解し，生産技術を向上させた。そして契約栽培から離脱後も，野菜の等級分類をしたうえで生産者は出荷しており，最も品質の良い（グレードAの）野菜をSS（ないし農業企業）に販売し，グレードB・Cの野菜は伝統的卸売市場へと販売するようになったのである。この等級分類作業は，かつてSSや農業企業が担っていた作業であり，それがスーパーマーケットとの取引を可能にしていた。それを生産者が行えるようになったため，SSや集荷商人による近代的流通内での付加価値が減少していると言える。そして，生産者から伝統的流通への販売という選択肢を突き付けられることにより，SS・農業企業は生産者との交渉において立場を弱くさせられたのである。さらに興味深いことに，生産者は他の小規模な農家から集荷して販売を行っており，商人へと業態を変えていたのである。いわば農家と集荷商人を兼業したうえで，近代的流通と伝統的流通の交点に位置するようになったのである。

　このような生産者の行動は，シンプルな契約栽培のモデルを用いてホールドアップ問題（hold up problem）として捉えることが可能である。まず，前述の生産者の行動を次のように単純に捉えよう。SSや農業企業は，契約栽培を推し進めるために生産者への教育や，肥料や種子の購入補助などを行ったが，投資をしてくれたSS・農業企業に生産者は販売するのではなく，伝統的流通へ販売するようになったと考えるのである。ここで生産者を「売手」，SS・農業企業を「買手」として考えると，この売手の行動をSwinnen et al. (2015) はサイドセリング（side selling）と呼ぶ。本章では日本で馴染み深い「抜売」と呼ぼう。さて，こうなると投資の成果を買手は得られないので，「手を上げろ（hold up）」と脅されている状態である。これは，途上国のように裁判所を利用するためのコストが高いために売手と買手の契約内容が当事者間でしか観察

2）　なお，残念ながらデデインとヒクマーには直接インタビューをすることができなかった。

されず，それゆえ第三者に立証されない場合に生じる問題の一つである。（買手による投資後に）契約が履行されれば両者の利得が高くなるとしても，売手の利得が抜売により十分に高くなるのであれば，買手はお手上げになってしまう。このように，お手上げになることを予想する買手は結果的に投資を避けるだろう。つまり契約栽培のための投資を行わなくなるのである。このように，取引当事者の投資へのインセンティブが担保されないために過小な投資しか行われず，適切な投資を行えば得られたはずの利得を得られないという意味で非効率性をもたらす問題がホールドアップ問題と呼ばれる。

　次節では契約栽培の継続性を決める要因を探索する。調査地において契約栽培は完全に姿を消したわけではなく，一部の SS・農業企業の取引で観察されている。その契約栽培の継続性を理解することは，SS・農業企業の動態を理解する上で重要な作業であろう[3]。契約栽培の継続性を決定する要因として，買手から売手への投資の内容，特に現地で観察された生産技術に関する教育指導と，肥料や苗などの生産投入要素への投資に着目して検討する。さらに他の要因として，伝統的流通の市場価格の変化，スーパーマーケットの買取価格の変化，売手が抜売をした場合に失う地域内の評判に関する費用の多寡に着目する。詳細は次節で述べるが，契約栽培の継続性を分析している Swinnen et al. (2015) のシンプルな理論モデルを用いて説明する。

2. 契約栽培の継続性の分析

　モデルの基本設定を説明する。農家や農民グループを売手，SS を買手と呼び，両者の取引を分析対象とする。買手は価格 P_S でスーパーマーケットに販売できるものとする。また，売手が直面する伝統的流通の市場価格を P_T とする。

　契約栽培において，売手は自身の労働力を投資する必要がある。その機会費用を l とする。つまり，契約栽培をせずに，伝統的流通に販売する時に得られる収益と同じと考えればよい。逆に，契約栽培において特殊な苗や肥料が必要

3）　そのため，本章ではホールドアップ問題が契約の継続性に与える影響にのみ焦点を当てており，過少投資の程度を解明することや，所有権アプローチによる回避策の検討にまでは立ち入らない。詳しくは伊藤（2003）の第9章や浅見（2015）を参照されたい。

とされるが，売手が購買できず，資金力の豊富な買手が購買して売手へ投資することが一般的である。その場合の買手の投資に伴う機会費用を k とする。k は買手の代替的な投資先からの潜在的なリターンに依存する。さらに，苗や肥料などの費用だけでなく，売手を探したり，監視したり，技術を教えるなどの取引の過程で必要とされる取引費用も買手の負担となる。ここでは，買手による投資額が次の4種類の取引費用に依存している場合を考える。売手を探す際に係る探索費用（search costs），スーパーマーケットが求める高品質な野菜を生産するための技術指導に係る教育費用（costs of training suppliers），指導したとおりに売手が生産しているかを監視することに係る監視費用（monitoring costs），苗や肥料の提供に係る投入費用（external input costs）である。

　これらの取引費用は二つの軸で特性が異なる。一つ目は，同じ取引を連続的に行う場合に毎回同じ費用がかかるか，それとも低減していくかという軸である。例えば，探索費用は最初の1回だけ必要であるのに対して，監視費用は毎回必要とされる。二つ目の軸は，その取引以外の場においても生産者に利益を生むかどうかという軸である。教育費用の場合，技術指導を受けた農家はその技術を利用して他の買手へと生産物を販売することも可能である。一方で監視費用はその取引の外にいる他の買手の利益になることはない。

　ここで，買手が4つの取引費用のうち，1つのみに依存した投資を行うと仮定する。その場合に，前者の軸にあたる取引の継続性により買手の費用負担が減る程度を γ とおく。この場合の買手の投資額は $(1-\gamma)k$ と表すことができる（$0 \leq \gamma \leq 1$）。次に，当該取引以外での価値を示すパラメータを α とおく。仮に当該取引以外で価値を持たないのであれば，$\alpha=0$ である。各取引費用における γ と α を表3-1のように仮定した。一部繰り返しになるが，探索費用の場合は，一度売手が見つかれば，以後の費用が掛からないため，$\gamma>0$ となる。また，取引以外の場で売手に利益を生むわけではないので，$\alpha=0$ である。教育費用の場合，最初の取引で多くの費用が掛かるが，以後の取引においては費用は低減，ないしほとんど掛からないため，$\gamma>0$ となる。一方で，その技術を利用して他の買手に販売することが可能なので，$\alpha>0$ である。監視費用の場合，最初の取引でも継続取引でも同じく必要とされる費用であるため，$\gamma=0$ である。また，取引を破棄したとしても売手の利益が増加するわけではないので，$\alpha=0$ である。最後に投入費用の場合，毎回の取引で必要とされる費用であり，$\gamma=0$ である。しかし，肥料や苗を転売することは可能なため取引外で売手の

表 3-1　取引費用別の γ と α の値

	継続取引では費用が 低減する特性（γ）	取引外で売手に利益を もたらす特性（α）
探索費用	$\gamma > 0$	$\alpha = 0$
教育費用	$\gamma > 0$	$\alpha > 0$
監視費用	$\gamma = 0$	$\alpha = 0$
投入費用	$\gamma = 0$	$\alpha > 0$

（出所）筆者作成。

利益を生む可能性がある。そのため，$\alpha > 0$ である。

　なお，各取引費用の間における γ（ないし α）を比較する場合，片方が 0 でもう片方が正の値を取る時に差があるとして検討を行う。そして両方の取引費用が正の場合の差に関しては議論が複雑になるため，差がないものとして議論を進める。

　この取引から得られる両者の余剰（surplus）を S とおくと，買手がスーパーに販売する価格 P_s から，売手と買手の投資額を除いたものが S となるため，

$$S = P_s - 1 - (1 - \gamma)k \tag{3-1}$$

と表される。そして，両者が契約を遵守した場合，両者は自身の投資額に加え，交渉の結果として一定割合の利益を獲得する（いわゆるナッシュ交渉問題）。つまり，売手の取り分を $\beta(0 \leq \beta \leq 1)$ とおけば，売手の利得は Y^* は，

$$Y^* = 1 + \beta S \tag{3-2}$$

と表される（単純化のため，β は外生的に決定されるとする）。買手の利得 π^* は，

$$\pi^* = (1 - \gamma)k + (1 - \beta)S \tag{3-3}$$

と表すことができる。ここで，両者の取引において，買手は契約を破棄することはなく，売手だけが破棄する可能性があるとする[4]。そして買手が契約を破棄する場合には，伝統的流通（公設卸売市場）へ販売する場合（抜売）と，耕作を行わずに苗や肥料を他人に転売する投入転用（input diversion）の場合を考える。どちらの場合も，不誠実な行為をしたという評判が農村社会に広がる

ことで被る損害費用 Φ がかかる。そのため，抜売をした売手の利得 Y^s，投入転用した場合の売手の利得 Y^d はそれぞれ下のようになる。

$$Y^S = P_T - \Phi \tag{3-4}$$

$$Y^d = l + \alpha k - \Phi \tag{3-5}$$

契約を履行する場合・抜売をする場合・投入転用する場合の利得を比較し売手は最も高い選択肢を選ぶため，最終的な売手の利得 $Y^\#$ は次のように表すことができる。

$$Y^\# = \max \{ 1 + \beta S, \ P_T - \Phi, \ 1 + \alpha k - \Phi \} \tag{3-6}$$

その際の買手の利得 $\pi^\#$ は，販売額から $Y^\#$ を除いたものとなるため，

$$\pi^\# = P_s - Y^\# \tag{3-7}$$

と表される。ただし，このとき $\pi^\#$ は買手が取引に参加したいと思うほどには高くなければならない。つまり，買手の投資額である $(1-\gamma)k$ よりも高い必要がある。この条件式 $(\pi^\# > (1-\gamma)k)$ から，次のように P_s がある価格 P_S^{Min} よりも高ければ買手は取引に参加し，なおかつ当初の契約を履行することが可能になる。というのも，買手は売手に対してプレミアム $(Y^\# - Y^*)$ を払うことで，売手が抜売や投入転用をするのを防ぐことができるからである。つまり，下の 4-8 式は取引の履行可能性を示す式であり，P_S^{Min} が低いほど P_s が取りうる値域は広がるため，取引が履行される確率は高いのである。

$$P_S \geq P_S^{Min} =$$
$$\max \{ 1 + (1-\gamma)k, \ P_T + (1-\gamma)k - \Phi, \ 1 + (1-\gamma+\alpha)k - \Phi \} \tag{3-8}$$

実際のジャワの状況に照らして，まず P_s と P_T の変動によりどのように取

---

4) 買手側が契約を破棄した場合に失う評判の費用が非常に高い場合を想定しているが，実際のジャワの産地の状況を考えると妥当な想定と考える。まず，SS が取引する農家は常に周辺農家と情報交換をしており，SS が不誠実な行動をとった場合は即座に広まり，高品質な野菜を納入できる農家と取引できる可能性が減少してしまう。これは伝統的流通の商人と比べて SS の数が圧倒的に少ないために，SS の不誠実な行動が悪目立ちしてしまうことも関係しているだろう。また農家側が SS との取引を破棄して伝統的流通へ販売するケースが後述の SS と農業企業の事例で報告されていることから，農家側の評判に係る費用は相対的に低いと考えた。

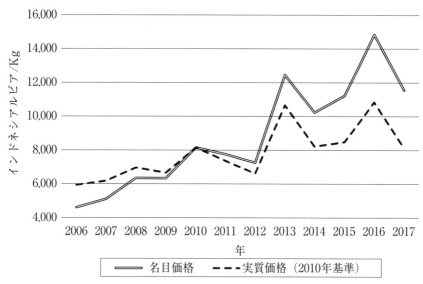

図3-2　ジャカルタ首都特別州クラマッ・ジャティ中央卸売市場の年平均卸売価格

(注) 年平均卸売価格は主要8品目の年間総売上高を年間総取引量で除して算出した。また，実質価格を算出には，World Bank CPI (https://data.worldbank.org/indicator/fp.cpi.totl?end=2017&start=1960&view=chart) を用いた。
(出所) クラマッ・ジャティ市場の市場管理部の内部資料より筆者作成。

引の履行可能性が変化するか考えよう。近年のスーパーマーケットの激しい競争から P_S が低下していると想定される。その場合，両者の利得 S が低下し，そして取引が履行されない可能性が高くなることが分かる。一方で，P_T は近年増加する傾向にある（図3-2）。P_T は買手が抜売をする場合にのみ影響し売手の利得 Y^s を増加させる。つまり，買手が抜売をする誘因が強くなるのである。そして P_T の増加は P_S^{Min} の増加を招き，取引の履行可能性を低下させるのである。このように，P_S と P_T の動向から，契約栽培が行われなくなったことが説明される。

　次に，買手の投資がどの取引費用に依存しているかによって，どのように取引の履行可能性が異なるかを考える。ここでは次節の SS と農業企業の事例で見られる教育費用と投入費用に着目して検討する。結論から言えば，投資が教育費用に依存している場合は取引の履行可能性が高く，投入費用に依存している場合は取引の履行可能性が低くなる。まず，投資額が教育費用に依存している状況では $\gamma>0$ であり，S は監視費用および投入費用のケースよりも高くなる。さらに，投入転用の際の利得も $\alpha>0$ より投入費用のケースより高く，監

視費用のケースと同額となる。結果的に，売手は最大の利益を得ることができる。そして，式（3-8）より P_S^{Min} は γ の減少関数であり，α の増加関数である点に注意すれば $\gamma>0$ により実現可能性は高まる[5]。他方で，投資額が投入費用に依存している場合は $\gamma=0$ のため S は高くならないが，$\alpha>0$ のため投入転用の利得は増加する。従って，$\gamma=0$ かつ $\alpha=0$ の監視費用のケースよりは利得が高まるが，教育費用のケースよりは低い。そして，P_S^{Min} が γ の減少関数であるなか最小の γ であり，また α の増加関数であるなかで最大の α であることから，4つの取引費用のケースの中で最大の P_S^{Min} となる。従って，実現可能性は最も低くなるのである。つまり，SS から技術指導を受けることが主体であれば，その契約の自己履行性は高く，また売手である農家の利得も高くなる。しかし，（売手が容易に苗や種子を得られないなど）要素市場が不完備であるために苗や種子の提供が主な投資なのであれば，取引の継続性は担保されにくく，また農家の利得も前者ほど高くならない。実際には教育費用と投入費用が同時に観察され識別することが難しいが，投入費用の比率が高いのであれば，契約栽培は行われなくなるだろう。この教育費用と投入費用の比率の違いは，次節でのリコファームとアリティファックとの比較から明らかになる。

3．事例分析

　ここでは，代表的な SS であるビマンドリとその購買元の一つである農業企業スレニティ，そして農業企業のアリティファックおよびリコファームへの聞き取り調査の結果をもとに，契約栽培の継続性を検討する。各社の流通経路は図 3-3 に示した通りである。

3.1　SS（ビマンドリ）の事例

　ビマンドリは 1992 年にパジャジャラン大学（バンドン市）の卒業生らにより

---

5)　$\alpha>0$ により低下する可能性はあるが，投入転用の利得にしか影響しないため，P_T が高く，抜売の利得がより高くなるケースでは問題にならない。事例からは，抜売は観察されるものの，投入転用は観察されなかったことから，α がそれほど大きくなく，P_T が増加している影響の方が大きいと考えられる。

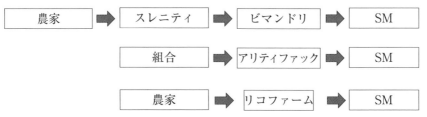

図 3-3　事例で取り上げる SS と農業企業の流通経路

（注）SM はスーパーマーケットの略。
（出所）筆者作成。

設立され，伝統的流通の卸売商としてホテルやレストランに野菜を卸すことから事業を開始した。1994 年からスーパーマーケットとの取引を開始し，1998 年にはカルフール（Carrefour）との取引を開始した。そして 2006 年にはカルフールからインドネシアにおけるベストサプライヤーとして表彰されている。その間，ビマンドリは農民グループに対して技術供与と肥料や種子などの信用供与を行う契約栽培を行っていたが，2002 年から 2003 年にかけてこの契約栽培の比率を下げて卸売業者からの仕入れを増やすようになった。この要因はビマンドリの行う契約栽培で得られる利潤が減少したからである。具体的には，2003 年頃の低価格帯の輸入野菜の増加によって市場競争が過熱し，スーパーマーケットの買値が低下していったのである。また，契約栽培をしていてもスーパーマーケットが要求する品質を担保できないケースがあり，むしろ伝統的流通の卸売商から仕入れ選別する方が安上がりになる場合の方が多かった。カルフールも支払期間を 2 週間から 1 週間に短縮するなどビマンドリへ配慮していたが，このように契約栽培の行く末は危ういものであった。しかし，多くの文献でインドネシアの代表的な SS としてビマンドリが挙げられている（Reardon and Timmer, 2014; Slamet et al., 2017; Reardon et al., 2012; Proctor and Vorley, 2008）。

　2019 年時点でもビマンドリは SS として営業を継続しており 60 のサプライヤーから仕入れているが，契約栽培は 2010 年以降行っていなかった[6]。前述のように契約栽培で得られる利潤が低下したこともあるが，むしろ契約栽培を通

---

6)　サプライヤーのうち 20 は農業企業の形態を取っている。また，ビマンドリは小規模農家から仕入れる場合もあるが販売額ベースで 5% に過ぎず，その比率は小さい。

じて農家の技術水準が向上し，技術・信用供与が不要になったことが大きな理由である。契約栽培をしなくなった農民グループの構成員であった農家は，新たに伝統的流通へ商人として進出するケースが多く見られる。さらに新たに農民グループを組織し，ビマンドリから学んだことを個別農家に教え，品質の良い（グレードＡとビマンドリに判定された）野菜はビマンドリやその他のSSに販売し，それ以外を伝統的流通で販売するのである。なお，この場合には農業企業の形を実質的に兼ねている場合も多く，農民グループと農業企業が一体化している[7]。

ビマンドリと農民グループとの取引においては，野菜品目と納入量は予定値のみが口頭で約束され，毎週の取引価格は契約書に記載されている。そして罰則規定はない。そもそも罰則規定を設けると農民グループが契約しなくなるためである。農民グループからすれば，ビマンドリ以外のSSもしくは伝統的市場に販売する選択肢が今や十分にある[8]。そのため定常的に取引している農民グループが，他のSSや伝統的市場に販売することもあるのである。契約が破棄されているわけではないので現状では抜売が発生しているとは言えないが，契約栽培が中止された時期には抜売が発生していた[9]。ビマンドリと農民グループ間の交渉力が農民グループ側に移行しているのである。それはビマンドリ側が取引条項をかなり譲歩している点からも窺えた。たとえば，通常は納入後5日後にビマンドリから農民グループへの支払いが行われるが，クラウディ（Crowde）という金融機関が立て替え払いするため，より早く支払いを完了できるようにしていた。また，伝統的市場の売買価格が高騰しているときは話し合いにより価格は改訂できるのである。

ビマンドリのサプライヤーの一つが，農業企業のスレニティ（Serenity Farm）である。スレニティはサヤインゲンの生産に特化しており，2012年からビマンドリと取引をしている。スレニティの主要な業務はサヤインゲンの等級分けである。従業員20名のうち半数がサヤインゲンの等級分けに従事しており，6名が農業生産に従事し，2名が取引先農家の圃場を廻り技術指導を行い，残りの2名が事務作業を行っている。

7）　SSに販売しているという点では1章で取り上げたアグロ・スガールとは異なる業態である。

8）　ここでの伝統的市場にはバンドン市のチャリンギン中央卸売市場だけでなく調査地近隣の地場公設市場も含む。

9）　2019年8月27日に実施したビマンドリのマネージャーへの聞き取りより。

ビマンドリ以外に，輸出向け出荷と伝統的市場への出荷を行っており，取引量の 60％ はビマンドリへ，30％ は輸出向け，10％ は伝統的市場向けである。輸出先はシンガポールであり 2017 年から行っている。輸出会社から取引を持ち掛けられ，半年間の使用期間中にスーパーマーケット向けと同様の品質（グレード A）のサヤインゲンを一定量納入できることを確認したのちに，取引が本格的に行われるようになった。毎週グレード A のサヤインゲンを 500 キロ納入しており，支払いは 1 か月後である。ビマンドリからの支払いは 1 週間後であるのに対して長くなっている。価格は輸出会社が決定するが市場価格と連動しており，近年は上昇する傾向にある。なお，伝統的市場へは品質の劣るもの（グレード B および C）を販売しており，スレニティが不定期に馴染みの卸売業者（5 章で紹介するバンドン市のチャリンギン中央卸売市場など）に電話連絡し，価格・取引量を決定する。その際，決済方法も交渉する場合もあるが，通常は卸売業者による計量後，即日現金払いとなる。いずれの買手もスレニティに対して納入後に価格を値下げしたり，支払期日を延長するような買手によるホールドアップ（契約の再交渉）を起こしていない。

また 2014 年から 30 軒の農家と契約栽培を行っている。スレニティはサヤインゲンの苗を提供して生産技術のアドバイスをする代わりに，農家はスレニティに全量販売しなくてはならない。この契約内容には価格に関する厳密な取り決めはないものの，通常は耕作前に取引価格が決められる。サヤインゲンの価格は比較的安定しているが，伝統的流通（公設卸売市場）の価格が高騰しているときは農家側から価格の再交渉が行われる場合もある。契約を破棄しても罰則はないが，次の耕作から農家は苗の提供および技術指導を受けることができなくなる。これが農家の抜売を防ぐように機能している。このような工夫は取引相手となる農家の選定にも表れており，農村社会で良い評判を獲得している農家が取引先に選ばれている[10]。つまり，契約を破棄することによる社会的な評判を失うコストを上げることで，抜売を防いでいると推察される（式（3-

---

10) ここでは契約違反時に村八分などの損失を被るなどの共同体的論理が適用されると想定しているが，生産技術水準が高い農家を探索するための費用を節約しているとも考えられる。つまり「良い評判」には農家としての生産技術水準が高いことも含まれるのである。抜売をする農家が存在していたことを考えれば，共同体的論理が当てはまらない可能性の方が高いと考える。共同体的論理が調査地に当てはまるかを議論するのに十分なデータがないため断定はできないが，今後の検討課題としたい。

8）でΦを大きくすることで P_S^{Min} を下げ，取引の履行可能性を上げている）。

3.2 農業企業（リコファームとアリティファック）の事例

リコファームは2002年までは農民グループの一員であり，その農民グループはSSへと販売していた。このSSが取引していたのが，バンドゥン市のスーパーマーケットであるジョグジャ（Yogya）である。2003年以降にリコファームは農民グループを脱退し，複数のスーパーマーケットへ直接販売するようになった。現在に至るまでジョグジャとの取引は継続する一方で，他のスーパーマーケットとの取引を打ち切ったこともあった。2008年から2011年までスーパーマーケットのH社と取引をしていたが，H社は広告費や目的不明な追加的な費用を請求することが多く，さらに代金の未払いが積み重なった結果であった[11]。

2006年時点では7名の農家と契約栽培を行っており，約5ヘクタールの農地を貸し与え，肥料・種子の提供，灌漑整備などを行っていた。リコファームは当時では珍しい低農薬栽培されたトマトの生産に特化していた。そのため低農薬栽培のための営農指導も行っていたと思われる。灌漑整備を行っていたことも考慮すれば，投入費用の特徴の強い投資を行っていたと言える。そして契約栽培は2008年以降に中止しており，2019年時点では取引をしている農家の数は5名になり，農地も2ヘクタールへと減少していた。5名の農家とは基本的に現金払い取引を行っており，価格決定には伝統的流通（卸売市場）の価格動向が影響している[12]。リコファームでは最低価格をキロ当たり3500ルピア（約27円）に設定している一方で，伝統的市場の価格が高いときは，市場価格よりキロ当たり2000ルピア（約15円）高く買い取るようにしている[13]。つまり，農家からすれば常にキロ当たり2000ルピア以上高値で売れる状況である。このような農家寄りの価格設定になっている要因には，かつてリコファームに

11）　未払い金は300万ルピア（2019年の為替だと約2万3000円）である。また，同様の事例が農業企業のアメイジングファーム（Amazing Firm）でもWorld Bank（2007）で報告されている。

12）　ただし，うち1名のみと取引1週間後の決済の形態を取っていた。

13）　2019年の平均為替1円＝130インドネシアルピアを用いて換算している（https://data.worldbank.org/indicator/PA.NUS.FCRF?end=2019&locations=ID-JP&name_desc=false&start=1967&view=chart）。

売らずに伝統的流通で販売してしまう農家が多く，安定的に集荷できなくなったことが大きい。つまり，抜売が生じていたのである。

アリティファックは1990年頃，村落協同組織（koperasi unit desa：KUD）の一員としてスーパーマーケットのヘロー（Hero）への供給を行っていたが，技術不足から十分な供給ができていなかった。そのため，ヘローから技術指導員を招き入れ，生産・選り分け・パッケージングに関するトレーニングを受けていた。その後，村落協同組織から離脱し，1993年に複数の組合の連合組織として立ち上がり，マクロジャカルタ（Makro Jakarta）・マタハリ（Matahari）・スーパーインド（Superindo）・ダイアモンド（Diamond）といったスーパーマーケットへの供給を始めた。現在時点でも多数のスーパーマーケットと取引をしておりイオン（Aeon）との取引も行っている[14]。そして，スーパーマーケットとは年間の取引額と品目のみを定めた契約が交わされている。決済方法は様々であり，たとえばイオンとは月払い，スーパーインドとは週払い（ただし，短期間の決済のため手数料が1%生じる）の契約となっている。

購入先は農民グループが主だが，アリティファックは農業学校としての特徴が強く，その「生徒」が農業生産を担っている[15]。2006年時点では326名の「生徒」がおり，また5つの農民グループと契約栽培を行っていた。少なくとも2019年時点では取引先数が拡大していた。「生徒」の正確な人数は不明だが，アリティファックで農業生産を学んだ後に独立した9つの農民グループ（約270軒）と新たに取引しており，さらに20の農民グループ（約500軒）とも取引をしている。しかし，2006年時点で見られた肥料・苗・種子の提供はほとんど行われていない。契約の内容も，品目とその取引量，および決済が毎週金曜日に行われる点だけ定められている。従って，投入費用というより教育費用の特徴

---

14)　JICAの「官民協力による農産物流通システム改善プロジェクト（実施期間：2016年2月29日～2020年2月10日）」として，アリティファックは日本で品種開発された「黒田ニンジン」の生産を進めており，イオンへ販売されている。2019年時点で販売が開始されたばかりだが，黒田ニンジンは在来種よりもβカロチンやビタミンCを豊富に含んだ栄養価に優れた品種であり，今後の成長が期待されている。

15)　アリティファックが取引する農民グループの農家は次の3パターンに分類される。1）野菜の等級分けに加えて包装まで行う農家，2）野菜の等級分けまでする農家，3）野菜の等級分けをしない農家，である。1）の農家は3）の農家より高い利潤を得ることができ，粗利が30%高い。一方で，リコファームは3）のパターンの農家を受け入れておらず，農家の確保が相対的に難しくなっていた。

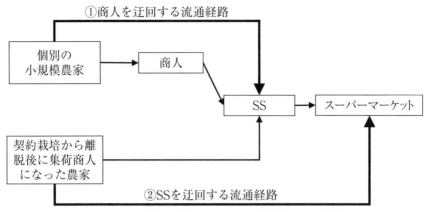

図 3-4　中間業者を迂回する 2 つの流通経路の可能性

(出所) 筆者作成。

が強い投資を行っていると言える[16]。

　対照的な 2 つの事例だが，両者の大きな違いは契約栽培により近代的流通が求める技術水準に達した農家と取引を継続できたか否かにある。アリティファックが農家との取引を継続できている要因として，式（3-8）から次の 3 点が考えられる。1 点目は，取引を継続することで低減する費用である教育費用に重きを置いた投資を行っていたからである（教育投資は γ が大きく，P_S^{Min} が下がり，取引の履行可能性が上がる）。2 点目は，農業学校という特性から，抜売をしたときに農家が同窓生間での評判を失い，その損害が大きいことが考えられる。つまり Φ が大きいのである。ビマンドリからの聞き取りではあるが，技術水準の高い農家同士は市場動向や新しい品種などの情報交換を活発に行っており，そのネットワークから除外されることで被る損失はかなり大きいものと考えられる。無論，リコファームと取引していた農家についてもこのネットワークが失われることによる損失はあるが数名程度のネットワークであり，アリティファックの数百名規模のネットワークに比べればその損失は小さい。3 点目としては，農家が受け取るマージンがアリティファックの方が高いと考えられる点である。つまり P_S が高かった可能性がある。リコファームに比べて

---

16)　ただし，聞き取り調査はできなかったが，各組合が構成員である個別農家への投入費用の補助を行っている可能性は否定できない。

アリティファックの方が多数のスーパーマーケットと取引出来ており，その分価格交渉力も高く買取価格が高くなっていたと推察される。その一方で，伝統的流通へのアクセスに大きな違いはなく，農家が抜売をするときの販売価格に違いはないと考えられるため，P_T の違いの影響は小さいだろう。

3.3　産地流通における伝統的流通の意義再考

　World Bank（2007）で観察された産地の契約栽培を 2019 年に追跡調査した結果，1 章で明らかにした商人から集荷する SS の購買ルートは直接観察されなかった。スーパーマーケットは，小規模経営農家との契約栽培を直接行うのではなく SS から購買している。そして SS の購買元は組合・農民グループ・農業企業・比較的大規模な経営を行う個別農家に限定されているのである。そのため，一見すると近代的流通から伝統的流通の商人が除外されているかのように捉えられる。しかし，契約栽培により生産技術の向上を達成して販売ノウハウを蓄積した農家が契約栽培から離脱し，伝統的流通の市場と SS 双方と取引しているのである。従って，ジャワの農産物流通の発展経路の中で近代的流通による契約栽培の導入が与えた影響は小さくないが，伝統的流通が依然として重要な役割を果たしていると言える。そこで本節では，「産地において近代的流通が浸透せず，なぜ伝統的流通が優位性を持ちうるのか」という問いを軸に，1 章・2 章も踏まえて総合的に考察する。具体的には，なぜ中間業者（商人および SS）が除外されないのか，なぜ契約栽培は浸透しないのか，そして今後の流通はどうなるのか，という点から考察を進めていく。

3.3.1　なぜ中間業者を除外できないのか？

　農家が近代的流通に参加していく過程でスーパーマーケットとより直接的に取引できるならば，少なくとも中間業者へのマージンの支払いが不要になるため農家・SS の所得は向上していくだろう。従って中間業者を排除するインセンティブが働くように思われるが，なぜそうならないのだろうか。ここでは，現状の中間業者（伝統的流通の商人および SS）を経由しない二つの流通経路を想定して検討したい。まず SS が，伝統的流通の集荷商人を除外しトゥバサンなどの手法を用いて農家との直接的取引を主導していかないのか，という点を検討したい。そこで参考になるのが前述のリコファームの事例である。という

のも，リコファームの生産者との取引関係は伝統的流通の商人が見せる取引関係と比較的近かったのである。たとえば，集荷商人のように肥料や種子に関する信用供与を行っているだけでなく，集荷作業もリコファームが請け負っている。この点でトゥバサンと同様の販売契約を結んでいたと言えるとともに，選別作業もリコファームが担っている。本章で議論したホールドアップ問題により契約栽培の継続は困難であるが，販売契約に切り替えることで農家との直接取引は可能だと言えるだろう。つまり，近代的流通の観点からも集荷・選別に特化した商人の入り込む余地が残されていると考えられる。ただし，これはあくまで契約栽培の代替的手段であり，リコファーム自身にそれを推し進める意向も見られない点からすれば，市場環境に応じてSS・農業企業・商人が適切な取引形態を採用することで近代的流通の集荷が実現されているとの理解に留めておくべきだろう。

　二つ目は，伝統的流通と近代的流通の双方と取引可能な集荷商人となった農家が，SSを経由せずに，直接スーパーマーケットと取引できるかという点である。結論から言えば，現状ではその可能性は低いと考える。というのも，スーパーマーケットからの売買代金の支払いに要する期間が長く，より多くの運転資金が農家に要求されるからである。またスレニティでの聞き取りによれば，スーパーマーケットのサプライヤーリストに載るためにはSSとしての新たなノウハウの習得が必要だという。Freddy and Yanagimura（2018）が指摘したようにスーパーマーケットとの取引を開始するには，行政に認められた公式な組織形成が必要とされ，その手続きやマネジメントに時間を要するのである[17]。その手間に比べれば，農家が農民グループを組織してSSと取引をする方が容易である。以上のような必要資金や技術による制約のほか，（本章3.1で述べたスレニティのように）スーパーマーケット以外に輸出会社と取引する選択肢もある。すなわち，スーパーマーケットへの販売に特化することは農家にとって機会費用が高くなる点を考慮する必要があるだろう。以上のような理由から，

17）　農民グループや商人に対して行政から買付許可を出し，認可するなどの制度整備は国策として近代的流通を後押しする場合には有効である。たとえば近代的流通の成長が著しい中国では，2004年の食糧流通体制改革を機に農産物流通の自由化を進めた際，産地商人に買付許可を出すことで，流通制度の枠内に組み込みこんでいる。そして2011年からの「国内貿易発展第12次5ヶ年計画」により，農民専業合作社と呼ばれる協同組合から，産地直送でスーパーマーケットへの流通を円滑化する政策を進めている。詳しくは藤田ら（2002），張（2014），宝剣（2017）を参照されたい。ただし，ジャワで同様の制度整備が可能かは更なる検討を要する課題である。

小規模経営農家がSSとなり，スーパーマーケットと直接取引できるほど経営規模を拡大する可能性は低いと考える。言い換えると，本章で確認された新しいタイプの農家は伝統的流通の主体であり続けると言える。次項では，伝統的流通を中心に今後どのように産地流通が展開していくかを考察する。その際，本項の考察に基づき小規模経営農家がSSになる可能性は除いて考察を進めたい。

3.3.2 流通革命下における産地流通の展開

まず，World Bank（2007）の継続調査から明らかになった発展経路はジャワ全体に広がるのだろうか。この発展経路とは，最初はSSから技術指導を受けた契約栽培農家がやがて独立し集荷商人となり，農民グループを組織して新たな小規模経営農家へと技術を伝え，さらにその小規模経営農家が十分な技術を身に着けたらまた独立し，同じように業態を変えていくことを指す。この場合，小規模経営農家は経営規模を拡大していくため，その所得も増加していくことが予想される。このような技術伝播による伝統的流通の進展は，パプリカが導入されたタイの流通変化を明らかにしたSchipmann and Qaim（2010）と類似する点も多い[18]。しかし，ジャワ全体でSSの存在がそれほど一般的な状況を考慮すると，この発展経路は局所的なものに限られる可能性は否定できない。

他方で，（1章で明らかにした）小規模経営農家と集荷商人がトゥバサンにより緊密な連携を取ることでSSへと出荷する発展経路であれば，既存の流通構造を基礎としているため，広範な地域で観察される可能性が高い。しかし，2章で明らかにしたように農家の所得が改善される可能性は低く，前者と比べても所得の増加は期待できないだろう。

したがって，農家所得の向上を目指すのであれば前者のように産地流通が展開していくことが望ましく，そのためにはアリティファックの事例で学んだよ

---

18) Schipmann and Qaim（2010）では，タイでパプリカが導入された際，生産技術が近代的流通から伝統的流通に技術伝播し，また農家が投入肥料の市場にアクセスできるようになった結果，近代的流通からの投入要素の提供に頼る必要がなくなり，むしろ伝統的流通の商人の自由度の大きい取引を農家は好むようになった。その結果，パプリカの主要な流通経路が伝統的流通へ移行したことが報告されている。本章の事例は新品種の導入ではなく，品質向上などの生産管理技術である点に違いがあるが，ジャワの産地流通の行方を考察する上で興味深い研究である。

うに SS・農業企業が農家に対して教育的な投資を行える必要である。しかし，(1章で示したように）一般的なジャワの野菜産地流通においてそのような投資が自発的に生じない状況を考慮すると，政策的な介入が必要とされるだろう。

　以上の議論では，近代的流通に向けての契約栽培の導入が継続できなかった点に注目すると，開発政策の失敗として捉えることになるかもしれない。しかし，単に失敗として理解することは正しいのだろうか。むしろ，伝統的流通の近代化へ向けた一つのプロセスとして捉えるべきである。伝統的流通が SS の契約価格に影響している点を考慮すれば，SS との契約栽培は近代的流通への販売ノウハウだけでなく伝統的流通の市場動向を理解することにも繋がると言えよう。つまり，小規模経営農家にとってのトレーニングの一環として契約栽培を位置づけられるのである。この点に関する政策的含意としては，補助金による一時的な契約栽培への後押しが挙げられ，伝統的流通自体の発展に向けた有効なアプローチと言えるだろう。なお，契約栽培のトレーニングとしての意義に関連して，ジャワで一般的に行われてきた農民グループへの営農指導も一見すると有効に見える。しかし，World Bank（2007）が指摘するように一般的な営農指導の効果はそれほど大きくないと考えられる。なぜなら，スレニティやアリティファックの契約栽培に参加している農家が口にしたように，SS との取引の経験を実際に積むことでしか市場で生き残る生産・販売ノウハウを蓄積できないからである。

ビマンドリは儲かってる？

　SS であるビマンドリや，農業企業であるリコファームに関する本文中の記述は，あくまでも本書の分析枠組みから見た一側面に過ぎない。1 週間という短期間で集中的に行った調査ということもあり，残念ながら本書に必要な情報の収集に終始してしまった。しかし，実際にインタビューする中での印象に残っていることは多く，将来的に調査する価値の高い地域であると考えている。そこで，本章では省いた現地観察のうちのいくつかをここで記録しておきたい。

　（チアンジュール県の C 村で見られた）スーパーマーケットと取引する農民グループや商人よりも格段に施設が整っており，また多くの雇用労働者が働いている。ビマンドリのマネージャー曰く，「経営自体は厳しい」との話だが，実際の経営状況としては上手く立ちまわっているように思われた。例えば，主要な販売先であるジャカルタ州のスーパーマーケットが閉店している中でも，スラバヤなどの遠隔地のスーパーマーケットとの取引を開始している。これはビマンドリが先手を打って営業したわけではなく，スーパーマーケット側から話が来たようである。新たにビマンドリのようなサプライヤーを探すよりも，それまでの取引実績を重視して既存の取引先と遠隔地取引を行うことでスーパーマーケットがこの危機に対応しているのである。また，World Bank (2007) の執筆者の一人である Ronnie Natawidjaja 教授と共に訪問した際，彼は 2006 年時点と比べて冷蔵用の倉庫が 1 つ増えている点を指摘しており（写真参照），実際にはかなり儲かっているのでは？との感想を述べていた。本文で述べたことを強調すれば，SS というジャワの野菜流通における特殊な業態は，他の SS が撤退していることからもモデルケースとすることはできない。しかし，「ビマンドリ・モデル」は有り得るのではないだろうか。契約栽培が未導入の地域にとって，ビマンドリのような SS は農家の市場参加を加速させたのにも，農産物流通の付加価値を高める点で，その継続性は保たれることを示す興味深い事例であった。実は 3 章の議論は，このような現場観察を出発点としている。

他方で，本文中では契約栽培の継続性に難がある事例としてリコファームを取り上げており，先進的な農業に固執しているがゆえに市場退出の瀬戸際に追い込まれているとの印象を持たれたかもしれない。もしくは，なぜそれでも存続しているのか疑問に思う読者もいるだろう。たしかに契約栽培の持続性という点では失敗事例であり，スーパーマーケットとの取引の困難に直面しているが，他方で経営的には様々な試みで損失補填をしているのである。具体的には，かつて主力であったトマト栽培は現在の事業の一部であり，トマト栽培の損失を補填するように，果実の種子の販売や他の野菜生産にも取り組んでおり，事業の多角化を進めている。何より，リコファームのオーナーである Pathmi Noerhatini 氏（バンドン工科大学）は本文で述べたような環境の変化に適応しうる企業家的特性を持つ人物である。現地調査時に驚いたことであるが，リコファームでの聞き取り調査の翌日，研究者の間で良く知られた SNS である ResearchGate 上で氏から「スーパーマーケットへの供給を継続的に進めるために議論できれば」と連絡を受けた。帰国が迫っていた都合上対面することは叶わなかったが，スーパーマーケットとの取引を継続，発展させていくことへの熱意を感じた。翌年の再会を期待していたが，COVID-19 の蔓延による入国規制でそれも難しくなってしまった。しかし今後現地調査が可能になった時，この逞しい農業者がコロナ禍でどのように対処したか教えてもらえるのであれば，それはそれで楽しみである。

ビマンドリが所有する 3 つの冷蔵倉庫。World Bank（2007）の調査時点と比べて中央部の倉庫 1 つが増えており，経営規模を拡大させてきたことが伺える（2019 年 8 月 27 日筆者撮影）。

野菜の選別・包装の光景。作業スペースの広さ，雇用労働者の多さは一般的に見られる家族経営の範疇を超えている（2019 年 8 月 27 日筆者撮影）。

包装された野菜は各スーパーマーケットの集荷場，もしくは店舗へ運ばれる。写真は段ボール詰めされた野菜を目的地別のパーティションへ分配整理する場所（2019 年 8 月 27 日筆者撮影）。

第 4 章

卸売市場流通の市場統合

はじめに

途上国において公設市場流通の再整備と近代化は重要な課題である。その成否を判断する上でRavallion（1986）により実証研究が広まり，空間的に離散した市場の統合（market integration）の達成が重要視されるようになった。市場の統合は流通の自由化の進展とともに進むものであり，本書が対象とするインドネシアでも，アジア通貨危機後の市場自由化により農産物流通は競争的なものへ移行し（Montgomery, 2002），市場の統合は進んだのである。その証左として，2000年以降のインドネシアにおいて米の小売市場間で市場統合が確認されている（Alexander and Wyeth, 1994; Ismet et al., 1998; Oktarina, 2015）。

しかし，全ての農産物の流通で市場統合が確認されたわけではない。特に野菜に関しては価格の調整速度が速いにもかかわらず，2000年以降，市場統合が確認されていない（Firdaus and Gunawan, 2012; Varela et al., 2013; Wimanda, 2009）。一般的に市場統合は市場間の輸送コストの高さにより妨げられると考えられるが，実際には多種の要因によって妨げられることが指摘される。たとえば商人の市場支配に伴い高まったマークアップ率（Federico, 2012; Hatzenbue-hler et al., 2017），未成熟な市場システムや商慣行などがある（Dawe et al., 2008; Lloyd, 2017）。前者の高いマークアップ率についていえば，従来から伝統的な流通システムを形成する商人は合理的な経済主体として捉えられ競争的な流通市場を形成してきた。たとえば1990年代の新興野菜市場において，地場商人が小規模経営農家から効率的に集荷を行い，ジャカルタやバンドゥンなどの大消費地への迅速な流通を機能させていたのである（Hayami and Kawagoe, 1993: 171-173）。つまり，このジャワの野菜流通に関しては，市場統合の検証と商人の行動との間に不一致が生じていると言える。流通革命は小売における伝統的流通内の競争を強めていることも考慮すれば（Suryadarma et al., 2010），2000年代以降の産地と消費地を結ぶジャワの野菜流通における市場統合を検討する意義は大きいと考える。

ジャワの野菜流通における市場の統合で着目したいのが公設市場流通の要となる，中央卸売市場である。理由は次の2点である。まず先行研究で用いられたデータを概観すると，中央卸売市場の価格を用いた場合に市場統合を確認できていない点である。中央卸売市場であれば価格情報が集約されており，他の市場と空間的に統合しているという予測と反する事実である。たとえば，Firdaus and Gunawan（2012）では主要野菜の中央卸売市場の価格と生産者価格を用い，2001年から2008年にかけて市場統合が進んでいない点を指摘している。エヴィリスナら（1998）は1997年の野菜の日別価格データを用いたラヴァリオンモデル（Ravallion, 1986）による分析から，中央卸売市場と産地市場の市場統合は不十分としており，価格情報の市場間での共有や，道路整備の重要性を指摘している。また，Hidayanto et al.（2014）は米を対象農産物としているものの，2010年から2012年まで中央卸売市場と小売市場間で市場統合が成立していない点を指摘している。第2に，中央卸売市場は農産物の急激な価格変動を効率的にモニタリングするためにも重要な流通拠点だからである（Asche et al., 2012; Federico, 2012）。

　また，3章で述べたように，近代的流通の生産者は伝統的流通の卸売流通に参加する際にスポット契約で取引を行っていた点から，本章では卸売取引をスポット契約と仮定したシンプルな市場統合の検証方法を採用した。すなわち，現在まで数多くの研究が蓄積されてきた空間的な市場統合の計量分析（Chowdhury et al., 2005; Fackler and Goodwin, 2001; Ravallion, 1986）に見られる基礎的な手法を採用している。

　以下ではまず，市場統合の分析枠組みを説明する。次に，本章で採用した市場統合の計量分析方法を述べる。調査対象とした卸売市場流通の実態と価格データの概要を述べたのちに検証結果を示す。なお，卸売市場間の価格伝達に関する分析も追加的に行う。最後に，卸売市場間流通の問題点に関する考察を行う。

1. 市場統合の分析枠組み

　本章が対象とする中央卸売市場価格と産地市場価格における市場統合を具体的に述べれば，ある市場の価格が即座に他市場に伝達される状態，つまり市場間の価格が同様の変動をすることを指す。途上国で見られる空間的な市場の統合を妨げる要因には，価格情報の伝達の遅延ないし欠如，不十分な交通インフラ，取引相手を探索するための高い探索費用，契約履行に伴う取引費用の高さ，不十分な品質認証制度や等級規格化が挙げられる（有本, 2017）。また，これらの問題が解決されたとしても，流通過程に存在する卸売や小売がマーケットパ

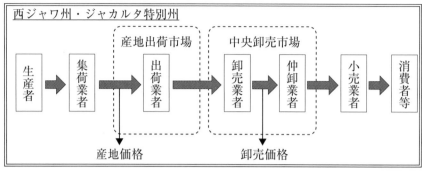

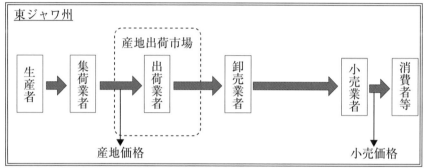

図4-1　調査対象地の流通主体と価格データ

（出所）筆者作成。

ワーを持っている場合は問題である。すなわち，不完全競争に起因するマーク
アップ——限界費用を超える価格設定——も市場統合を妨げる要因となる
(Hatzenbuehler et al., 2017)。

　以上のように市場統合を妨げる要因は多岐に及ぶことから，本章が対象とす
る中央卸売市場価格と産地価格における市場統合を検討する上で，着目すべき
商人とその取引を特定する[1]。入手可能な価格データと，そこに介在する商人

---

1) 　市場統合を妨げる要因の中でも，主要な市場参加者によるマークアップ行動とともに取引相
　手の探索に係る費用，契約履行に伴う取引費用，品質の差異に関する検討は重要である。特に
　中央卸売市場内で行われる取引においては，マークアップを可能にするような価格形成方法や，
　商人の競争構造が関係するだろう。これらの議論は5章で行うこととし，本章では市場統合の
　シンプルな検証に焦点を当てた。なお Appelbaum (1982) を始めとするマーケットパワーの程
　度をより厳密に推計可能な新実証産業組織論（new empirical industiral organization: NEIO）
　の手法を本章は用いていない。NEIO に必要な取引量などの価格以外のデータが不十分なことが
　主な理由であり，将来的により厳密な推計に繋がる基礎的な分析に注力した。

の流通チャネルを示したのが図4-1である。産地出荷市場の価格データから中央卸売市場の価格データまでの差額に影響を与えうるのは，次の2者である。まず，中央卸売市場内の内部取引であり，図中の「卸売業者」に相当する商人である。そして産地出荷市場の商人（図中の「出荷業者」）である。実際に使用するデータに関しては後述する。

　市場統合の定義は通常，二つの市場の間で交易が可能であること（tradability），もしくは競争的な関係にあること（contestability）として定義される（Barrett and Li, 2002）。本章では，直感的な理解が得やすい「二つの市場の間で交易が可能なこと」を市場統合の定義とする。つまり，公設市場間で流通取引がある場合を市場統合と呼ぶのである。しかし，その流通取引が効率的かをこの市場統合の定義だけから判断することはできないだろう。そこで，二つの市場の間での流通システムの効率性を，空間的に分離した2地点間における競争的空間均衡（competitive spatial equilibrium）として捉える。Barrett and Li（2002）の設定に従うと，二つの市場iとjについて，時間tのときに競争的空間均衡にある場合の二つの市場の価格に関して，$P_{it} \leq P_{jt} + \tau_{ijt}(P_{it}, P_{jt}, C_{ijt})$が成立する必要がある。ここで，$\tau_{ijt}$は市場$j$から市場$i$までに物を輸送することに係る費用であり，市場$j$から市場$i$までの輸送費用$C_{ijt}$と二つの市場の価格$P_{it}$，$P_{jt}$の関数である[2]。競争的空間均衡が成立している場合の二つの市場間の流通量が正（$T_{ijt} > 0$）の場合に，裁定取引に伴う利潤が$R_{ijt} \equiv P_{it} - P_{jt} - \tau_{ijt} = 0$となる必要がある。つまり，二つの市場の間で裁定取引を行う商人の存在を仮定し，その商人が行う取引から利益がでない状態を効率的と考えるのである[3]。

　理想的には，競争的空間均衡の条件式がサンプル期間全体において成立している場合を効率的な状態と判断できる。しかし，価格や消費者物価指数などの二次データを用いればR_{ijt}の計算は容易だが，市場間の流通量T_{ijt}に関するデー

---

2) τ_{ijt}は単に交通に係る費用だけでなく，空間的に離れた場所での取引を成立させるための全ての費用を内包している（Fackler and Goodwin, 2001）点には注意が必要である。たとえば，市場取引を開始，もしくは市場間のネットワークを構築するために必要な埋没費用（Obstfeld and Taylor, 1997）など観察できない取引費用も含む。特に，発展途上国では契約の履行を強制する制度がないこともこの輸送費用が増加し，競争的空間均衡を妨げる（Fackler and Goodwin, 2001）。なお，1章ではトラックなどによる荷の運搬費を輸送費用と言及したが，ここでは前述の輸送費用と区別するため，交通費用と呼ぶ。

3) また，流通が見られない場合である$T_{ijt} = 0$の時には$R_{ijt} \leq 0$となるので，相補性条件で表せば$R_{ijt} T_{ijt} = 0$が競争的空間均衡の条件式になるのである。

タを得ることが難しい。そのため，市場間での流通の有無を現地調査により確認することで先見的に T_{ijt} を定めた。すなわち，市場統合の有無は計量分析の前段階で明らかにし，その上で R_{ijt} のデータを用いて効率性の有無を検証したのである。ここまでの市場統合と効率性の関係を Barrett and Li（2002）で提示された分類に従い定義すると以下になる。

①完全統合（perfect integration）：$R_{ijt}=0$　かつ　$T_{ijt} \geq 0$
　（効率的で，市場統合している）

②不完全統合（imperfect integration）：$R_{ijt} \neq 0$　かつ　$T_{ijt}>0$
　（効率的ではないが，市場統合している）

③分離均衡（segmented equilibrium）：$R_{ijt}<0$　かつ　$T_{ijt}=0$
　（効率的だが，市場統合していない）

④分離非均衡（segmented disequilibrium）：$R_{ijt}>0$　かつ　$T_{ijt}=0$
　（効率的でなく，市場統合していない）

　産地出荷市場と卸売市場間のように通常は流通があると考えられる場合，市場統合していると言えるため①完全統合か，②不完全統合に分類される。そして $R_{ijt}=0$ が成立していた場合は①完全統合に分類され，効率的な流通システムと言えるのである。なお，距離が相当程度離れている消費地の卸売市場間の場合には，通常流通がないと考えられ，市場統合していないと言えることから③分離均衡，④分離非均衡のいずれかに分類される。後述するが，本章では産地と消費地の公設市場における流通取引を確認した市場データを用いた検証を行っており，③④に相当する競争均衡は除外することになる。

1.1　検証方法

　競争的空間均衡の成立の検証と共に，競争的空間均衡をもたらすメカニズムが働いているかという点がより重要である。たとえば，サンプル期間全体で競争的空間均衡の成立を捉える長期的な観点と，均衡への回帰メカニズムに着目した短期的な観点から市場統合の状態を区別する試みは Ravallion（1986）で行われている[4]。本章は商人が合理的に価格の変化に反応し，市場価格を調整しているか，すなわち商人の裁定取引の有無を検証することに焦点を当てる。そして，裁定取引が常に行われているか，もしくは断片的に行われているか，

に分けて下記２つの計量分析を行った。

1.1.1 共和分を用いた検証

競争的空間均衡が成立している場合，２市場の価格原系列データの差である $P_{it} - P_{jt} = Z_t$ において均衡関係が成立している。ここでは，長期的には一定の精度で予測可能な定常過程に時系列データ Z_t があることが上の均衡関係の式と一致することを利用して，競争的空間均衡の有無を判別する。なお，単位根過程にある価格原系列データ P_{it} と P_{jt} の線形和が定常過程になる関係は共和分（cointegration）と呼ばれる[5]。さらに，短期の価格調整過程も同時に検証するために，下記のベクトル誤差修正モデル（vector error correction model: VECM）を用いる。

$$\Delta P_t = -\alpha\beta P_{t-1} + \tau + \sum_{l=1}^{k} \Gamma_l \Delta P_{t-l} + \varepsilon_t \tag{4-1}$$

上式において ΔP_t は市場 i, j の階差価格 $\Delta P_{i,t}$ と $\Delta P_{j,t}$ を要素に持つ $(\Delta P_{i,t}\ \Delta P_{j,t})'$ の二行一列のベクトルである。P_t が２市場の価格に時点 t の定数項を含めた三行一列の価格ベクトルである。α は二行一列の調整ベクトル，β は一行三列の定数項を含めた共和分ベクトル，Γ_l は時点 $l (1 \leq l \leq k)$ における二行二列のパラメータ，ε_t は二行一列のホワイトノイズである。右辺第一項の βP_{t-1} が均衡からの乖離を表し，α が修正パラメータとなっている。ここで，実証の際に得られるパラメータの解釈を補足するため，二市場の価格差の変動に着目してスカラー表示すると，

$$\begin{aligned}
\Delta P_{i,t} - \Delta P_{j,t} = &-(-\alpha_1 + \alpha_2)(P_{i,t-1} - \beta P_{j,t-1} - \tau_{ij}) \\
&+ \sum_{l=1}^{k} = [(\Gamma_{i,11} - \Gamma_{j,21})\Delta P_{i,t-l} \\
&- (\Gamma_{i,12} - \Gamma_{j,22})\Delta P_{j,t-l}] + \varepsilon_t
\end{aligned} \tag{4-2}$$

---

4) 中央卸売市場と産地市場の構造を考慮した２市場間の市場統合のモデルを提示しており，中央卸売市場と産地市場の間で競争的空間均衡がサンプル期間全体で成立することを長期的均衡と呼んでいる。また，価格変動が起きた１期間先に中央卸売市場の価格が産地市場に100％伝達され，その他の産地市場からの価格の伝達がない場合を短期的均衡として区別している。

5) 単位根過程とは価格原系列が非定常過程であり，その差分系列が定常過程である時系列データの過程を意味する。市場統合の検定は共和分を利用して行われる場合が多い（Fackler and Goodwin, 2001）。

と表現できる[6]。右辺第 1 項において，β が 1 であれば共和分関係を認めることができる。つまり，VECM では共和分関係から一単位だけ価格差が逸脱すると次期に $-\alpha_1+\alpha_2$ だけ修正され，均衡に回帰するメカニズムを表現している。

1.1.2　裁定取引の検証

　VECM は二つの市場の価格差が輸送費用を下回る，ないしは上回った場合のいずれの場合も商人がその誤差を修正することを想定したモデルである。しかし，輸送費用を下回っている場合は，裁定取引が行われる合理的な理由に乏しく，市場間の状態は③分離均衡，つまり流通量が 0 となるだけである。その点を鑑み，輸送費用を価格調整のバンド幅（商人が裁定行動を取る基準値）と見なし，価格差が輸送費用を超過した場合に限り価格調整が見られるかを検証するモデルが閾値自己回帰（threshold auto regression: TAR）モデルである。ここでは，シンプルな二つのレジームを持つ下記のモデルを採用した[7]。

$$\Delta P_t = \begin{cases} \lambda^{out} P_t & if \quad P_t > |\tau_{ij}| \\ \lambda^{in} P_t & if \quad P_t \leq |\tau_{ij}| \end{cases} \tag{4-3}$$

　ここで，ΔP_t は P_t の階差を表し，P_t が市場 $i,\ j$ の価格差，$P_{it}-P_{jt}$ と表記する。λ は -1 から 0 までの間を取る定数である。ここで，価格差が輸送費用を超えた場合の調整パラメータである λ^{out} が -1 から 0 の範囲内にあれば，価格差を縮める方向に変動していると言える。この点から商人が裁定行動を取っていることが検証できる。

---

6)　経済学的な意味づけが難しいことから定数項を共和分ベクトル以外には含めなかった。

7)　TAR モデルを市場統合の検証に応用する場合は Balke and Fomby（1997），Obstfeld and Taylor（1997）に詳しい。また，λ^{out} と違い λ^{in} の符号に関する明示的な仮説はないものの，本研究では Serra et al.（2006）と同じくパラメータ λ^{in} も推計した。

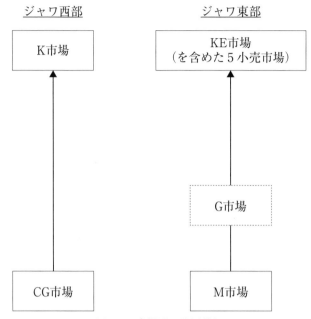

ジャワ西部　　　　　　　　ジャワ東部

図 4-2　市場間の流通状況

（出所）現地調査より筆者作成。

2. 調査対象地の概要とデータ

2.1　消費地・産地間の卸売市場流通の概要

　計量分析に使用するデータは次の4つの公設市場から取得したものである。まず，ジャワ西部（ジャカルタ首都特別州と西ジャワ州を併せた地域）の消費地市場として，ジャカルタ首都特別州のクラマッ・ジャティ中央卸売市場 (Pasar Induk Kramt Jati, 以下K市場) を選択した。敷地面積は14.7ヘクタール，卸売店舗は約800のジャワで最も大きい青果物の中央卸売市場である。次に，ジャワ西部の産地の公設市場として，チゴンボン産地出荷市場 (Sub Terminal Agribisinis Cigonbong, 以下CG市場) を選択した。K市場の南西90キロの地点にあるチアンジュール県の公設市場である（詳細は1章参照）。ジャワ東部（東ジャワ州）の消費地市場に関しては，中央卸売市場ではなく，代表的な5つの小売市場を選択した[8]。そして5つの小売市場のうち，相対的に規模が大きいクプ

トラン市場（Pasar Keputran，以下 KE 市場）で聞き取り調査を行い，産地市場との流通の有無を確認した。最後に，ジャワ東部の産地の市場として，スラバヤの南部にあるマラン県プジョン郡のマントゥン産地出荷市場（Sub Terminal Agribisinis Mantung，以下 M 市場）を選択した。CG 市場と同程度の規模の市場だが，この市場から島外のカリマンタンなどへ販売する商人もおり，商人の規模は大きい。これらの市場に関して，2011 年の 10 月から翌年 1 月までに流通の実態調査を行なったが，KE 市場への直接的な流通は十分に確認できなかった。しかし，同じマラン県に位置するマラン市ガダン卸売市場（Pasar Induk Gadang，以下 G 市場）を通じて，KE 市場へと流通していることが確認された。G 市場は中央卸売市場としては K 市場よりも規模が小さいが，東ジャワ州全域と取引している中央卸売市場である[9]。以上の市場間の流通関係を図 4-2 にまとめた。ジャワ西部では K 市場と CG 市場の間で直接的な流通がある一方で，ジャワ東部では KE 市場と M 市場に G 市場を通じた間接的な流通があるのである[10]。

2.2 データ

次に価格データの概要を説明したい。ジャワ西部に関しては，K 市場と CG 市場の日別価格データを使用した。2008 年 1 月から 2012 年 9 月第 2 週までに公設市場で記録された日別価格データを週次価格データに変換して分析に使用した[11]。6 種類の野菜（ネギ，ニンジン，セロリ，チンゲンサイ，インゲンマメ，

---

8) スラバヤ市郊外に中央卸売市場のプスパ・アグロ中央卸売市場（Pasar Induk Puspa Agro）があるが，2010 年に新設された公設市場であり，スラバヤ市の主要な市場とみなすことが難しかったからである。

9) ジャワ東部の消費地における中央公設市場はジャワ西部と比べてその導入が遅れていることから，K 市場と同種の中央卸売市場ではない。

10) なお，K 市場および KE 市場で中部ジャワの商人との取引があるため，間接的に市場統合している可能性がある。しかし，直接的な流通関係は確認できなかったことから，本研究ではジャワ西部と東部の市場統合は検証の対象外とした。

11) 消費地（K 市場），産地（CG 市場）の価格データは日次データであったが，産地の土曜日と日曜日の価格データは商人が取引を行なっているにもかかわらず記録されていなかった。そこで二つの市場の価格を記録するタイミングを統一するために週次データに変換したものを使用した。また，産地のデータは 7 サンプルが欠損していたが，総サンプルの 3% に満たない割合だったことから前後の価格の平均値を外挿した。

表 4-1 ジャワ西部の消費地—産地価格データの単位根検定

野菜	公設市場	価格原系列				価格差分系列		サンプルの断裂点を考慮した単位根検定	
		サンプルサイズ	ラグ数	ADF stat		ラグ数	ADF stat	t stat	構造変化点
ネギ	CG	246	2	−2.711		1	−9.032	−3.710	2008 年 12 月 1 日〜7 日
	K	246	1	−2.950				−3.868	2008 年 12 月 1 日〜7 日
ニンジン	CG	246	2	−3.271				−3.961	2008 年 11 月 17 日〜23 日
	K	246	1	−2.347		0	−11.834	−2.955	2008 年 10 月 6 日〜12 日
セロリ	CG	246	2	−4.208				−5.008 ***	2008 年 11 月 24 日〜30 日
	K	246	2	−3.635				−5.036 ***	2010 年 3 月 8 日〜14 日
チンゲンサイ	CG	246	4	−7.542				−7.885 ***	2010 年 5 月 31 日〜6 日
	K	246	2	−4.122				−6.553 ***	2008 年 10 月 20 日〜26 日
インゲンマメ	CG	246	2	−5.157				−5.986 ***	2008 年 9 月 22 日〜28 日
	K	246	2	−4.303				−5.082 ***	2011 年 3 月 14 日〜20 日
トウガラシ	CG	246	1	−3.656				−3.627	2010 年 12 月 20 日〜26 日
	K	246	4	−4.239				−4.036	2010 年 12 月 20 日〜26 日

(注) サンプルの断裂点を考慮した単位根検定では，「構造変化が無く，単位根過程にある単位根過程」を帰無仮説とし，「ある時点でトレンドが変化するトレンド定常過程」を対立仮説とした場合を記載した。有意水準は*＜0.1 **＜0.05 ***＜0.01。
(出所) 筆者推計。

トウガラシ）のそれぞれについて価格サンプルサイズは 246 である。ジャワ東部に関して，スラバヤ市の小売市場の平均日次価格データ（KE 市場とその近隣 4 市場の平均価格）と M 市場の日次価格データを使用した[12]。4 種類の野菜（ニンジン，ジャガイモ，トマト，キャベツ）を選択し，計測期間は 2011 年 1 月 5 日

---

12) 価格データは実地調査を行った KE 市場の他，4 つの主要小売市場を含んだスラバヤ市の主要 5 市場の平均値を使用した。

表 4-2　ジャワ東部の消費地―産地価格データの ADF 検定結果

野菜	公設市場	サンプルサイズ	ラグ数	ADF stat	ラグ数	ADF stat	t stat	構造変化点
	価格原系列				価格差分系列		サンプルの断裂点を考慮した単位根検定	
ニンジン	M	309	4	−1.742	3	−11.105	−2.272	2011 年 6 月 12 日
ニンジン	S	309	1	−3.407			−4.850 **	2011 年 6 月 30 日
ジャガイモ	M	309	2	−2.408	3	−11.563	−2.570	2011 年 7 月 29 日
ジャガイモ	S	309	3	−1.975	2	−11.819	−2.595	2011 年 2 月 27 日
トマト	M	296	1	−1.702	0	−17.987	−4.466 **	2011 年 5 月 11 日
トマト	S	296	2	−2.578	1	−12.696	−3.782	2011 年 6 月 10 日
キャベツ	M	309	1	−2.629	1	−13.515	−3.520	2011 年 7 月 14 日
キャベツ	S	309	1	−3.419			−6.169 ***	2011 年 2 月 5 日

(注)　有意水準は*＜0.1　**＜0.05　***＜0.01。
(出所)　筆者推計。

から 11 月 9 日までである。トマト以外の価格サンプルサイズは 309 であるが，トマトに関しては 10 月 27 日までのデータなので価格サンプルサイズが 296 となった。

　VECM の推計前に，価格データ系列の確率過程の状態を調べた。ジャワ西部の価格系列に関してはサンプル取得期間が 4 年近いことと，週次データであることから，データに断裂が起きている可能性を考慮する必要がある。そこで，Zivot and Andrews（2002）で提示された，断裂点がない単位根過程を帰無仮説とし，対立仮説を断裂点があるトレンド定常過程とした検定を行なった[13]。その結果，帰無仮説が棄却され断裂点がない単位根過程と判断されたネギ，ニンジン，トウガラシのデータを使用することとした（表4-1）。ジャワ東部に関しては，拡張ディキー・クラー（augmented Dickey-Fuller：ADF）検定を 5%点の 2.88 を基準値として行なった。表4-2 にあるように ADF 検定では人参，ジャガイモ，トマトの価格系列は 5% 水準で単位根過程にあると認められたため，VECM の推計に含めた[14]。

　VECM の推計に伴い，市場間価格の共和分関係の有無を検証した[15]。Marks

----

13)　対立仮説として，断裂点が一つある場合，ある時点でトレンドが発生する場合，断裂点があり，それ以後にトレンドが発生する場合の 3 パターンについて検討したがどの結果も大きな違いはなかった。

（2010）と同様にヨハンセンの手順（Johansen procedure）に従い，そこで得た正準相関を用いたトレース検定から，共和分ランクが1になるか検証した[16]。

3. 結果および考察

3.1 検証結果

VECM の推計結果を表 4-3 に示した。ジャワ西部，ジャワ東部において全ての野菜ではないが共和分関係，つまり τ_{ijt} の定常性が確認された。そして，共和分関係が確認されたサンプルに関して共和分ベクトルが $\beta = -1$ となっているか検定するとジャワ西部のサンプルでのネギ，ジャワ東部のサンプルでのニンジンで確認された[17]。これらの野菜に関しては①完全統合と言える。他方で，ジャワ西部のニンジンとトウガラシ，ジャワ東部のトマトとジャガイモは②不完全統合であった。従って，ジャワ西部とジャワ東部のいずれの野菜の流通システムも一部市場統合している野菜もあるが，それ以上に市場統合していない野菜があると言える。また，ジャワ東部では①完全統合にあったニンジンの流通システムが，ジャワ西部では②不完全統合であった点は重要である。ジャワ東部では G 市場の卸売価格ではなく，その川下の S 市場の小売価格を使っているため，本来は市場統合が検証されにくい状況にある。その点も考慮すれば，ジャワ東部の方が市場統合が進んでいることが示唆される。確認ではあるが，共和分ベクトルにおいて $\beta = -1$ が確認されたサンプル（表 4-3 1 行目のネギ，4 行目のニンジン）に関して，価格調整パラメータである α に有意差が確

---

14) スラバヤ市場の人参の価格系列に関しては，Zivot and Andrews（2002）の方法による単位根検定による結果に従った。また，キャベツに関しては単位根が確認されなかった。

15) 価格データ系列が単位根過程であることも必要だが，データの特徴次第でさらにサンプルが断裂している可能性の検討等が必要である。そのため価格データの特徴と共に後述する。

16) また，その際に差分の自己回帰モデルのラグ数を定める必要があるが，ラグを 1 から 10 まで取ったモデルをそれぞれ推計し，SBIC を基準にラグ数を決定した。

17) ただし，ジャワ東部のニンジンのサンプルに関しては，共和分ベクトルの制約をいれない場合のパラメータが −1 からかなり乖離している点と単位根過程にない可能性が高いことから推定結果は頑強ではない。

表 4-3　VECM の推計結果

野菜の種類	市場のペア	ラグ数	共和分検定	β	$H_0 : \beta = -1$	
					$\chi^2(1)$	p-value
ネギ	K 市場—CG 市場	2	+	-1.15 (0.16)	0.59	0.44
ニンジン	K 市場—CG 市場	2	+	-1.48 (0.16)	7.03	0.01
トウガラシ	K 市場—CG 市場	2	+	-1.20 (0.03)	20.47	0.00
ニンジン	S 市場—M 市場	1	+	-0.11 (0.31)	2.09	0.15
ジャガイモ	S 市場—M 市場	2	−			
トマト	S 市場—M 市場	1	+	-0.48 (0.12)	7.42	0.01

(注）S 市場はスラバヤ市の小売市場を指す。＊＜0.1　＊＊＜0.05　＊＊＊＜0.01。K 市場と CG 市場間の
トウガラシ，S 市場と M 市場間のニンジンに関する共和分は 1 ％水準で確認された。β は
制約なしに推計したものを記載している。
(出所）筆者推計。

　認された。従って，二市場間の価格差の増大に対して，その差を縮小する方向
に両市場の価格が調整されていた。なお，Firdaus and Gunawan（2012）では
2008 年以前のジャワ西部のトウガラシに関して，農家庭先価格と K 市場の価
格で共和分関係が確認されていた。本章で使用したデータは 2008 年以降であ
るが，Firdaus and Gunawan（2012）とは異なり，市場統合を確認できなかっ
た。データの入手可能性の点から直接の比較は難しいが，市場統合の状況が使
用するデータセット次第で変わってしまうことがわかる。
　次に，商人の裁定取引による価格差が閾値を超えた場合に価格調整が起こっ
ているか TAR モデルから検証した結果を示す[18]。表 4-4 に示したように，ジャ
ワ西部のネギのサンプルで閾値を超えた場合に価格調整が起こっている点が確
認され，ニンジンとトウガラシでは確認できなかった。つまり，ジャワ西部で

18）　ただし，TAR モデルの検討を行う前に，閾値が存在するか検証した。Hansen（1999）が提
　示した，閾値が a 存在する場合の TAR モデルの残差二乗和と，閾値が b 個存在する TAR モデ
　ルの残差二乗和による F 統計量 $F_{a,b} = n(S_a - S_b)/S_b$（$n$ はサンプル数，S の添字は閾値の数）に
　より検定した（$a=1$，$b=2$）。その結果本文の 4 組の価格データで閾値の存在を確認した。その
　際 Hansen（1999）が指摘したように，統計量 $F_{a,b}$ が漸近的にカイ二乗分布に従うわけではない
　ことから，$F_{a,b}$ を 500 回計算して得た漸近分布により検定した。

表 4-4　TAR モデルの推計結果

野菜の種類	市場のペア	調整パラメータ (標準誤差)		バンド外にある 確率（%）	バンド内にある 確率（%）
		バンド外	バンド内		
ネギ	K 市場—CG 市場	−0.138 (0.026)	0.068 (0.032)	30.61	69.39
ニンジン	S 市場—M 市場	−0.106 (0.014)	0.002 (0.008)	14.29	85.71
ジャガイモ	S 市場—M 市場	−0.154 (0.031)	−0.002 (0.021)	10.06	89.94
トマト	S 市場—M 市場	−0.023 (0.011)	0.024 (0.021)	48.14	51.86

（注）市場ペアの表記は表4-3と同様である。また輸送費用の単位はキロ当りのルピアである（1円＝1176インドネシアルピア）。なお，バンド外（内）にある確率は，二市場の価格差が推計した輸送費用を上回った（下回った）サンプルサイズの全サンプルに対する割合で算出している。
（出所）筆者推計。

はネギだけが①完全統合しており，裁定取引が確認できたのである。その要因としてはニンジンに比べ腐敗性が高く，より迅速な取引が要求される点，そしてトウガラシに比べ乾燥作業などの工程が入り込まない点が推察される。また，ジャワ東部では，①完全統合していたニンジンと，②不完全統合だったジャガイモとトマトの3つで確認された。二市場間の価格差が閾値を超えた場合の調整パラメータがマイナスであり，5% 水準で有意差があることから，価格差が閾値を超えた場合に価格が調整されていると言える[19]。より多くの野菜で価格調整が観察されたという意味で，ジャワ西部よりジャワ東部の方が商人の裁定取引が機能しているのであれば，前述のニンジンに関する市場統合がジャワ西部とジャワ東部で異なった要因の一つが商人の市場行動にあると言えるだろう[20]。

---

19)　ただし，ジャワ東部のトマトのサンプルに関しては，調整パラメータの値が小さく，価格調整の程度は小さいことが推察される。

20)　そのため次章で，商人の行動に着目した分析を行う。ただし，調査資源の制約から，本節で分析した野菜を取り扱う商人に対する現地調査ができていないため，厳密な意味で商人行動を分析出来てはいない。しかしながら，調査対象とした公設市場の一般的な商人の特徴は捉えているため，今後の精緻な調査研究に向けた基礎情報として理解することは可能である。

表4-5　Granger causality test による産地と消費地の市場間の価格伝達の検証

野菜の種類	市場のペア	市場1から市場2への Granger causality test			市場2から市場1への Granger causality test		
		F値	自由度	P値	F値	自由度	P値
ネギ	K市場—CG市場	5.16	1	0.02 **	6.95	1	0.01 ***
ニンジン	K市場—CG市場	4.23	1	0.04 **	16.2	1	0.00 ***
セロリ	K市場—CG市場	11.4	2	0.00 ***	36.3	2	0.00 ***
チンゲンサイ	K市場—CG市場	3.58	2	0.17	7.61	2	0.02 **
インゲンマメ	K市場—CG市場	35.8	2	0.00 ***	7.61	2	0.02 **
トウガラシ	K市場—CG市場	56.9	1	0.00 ***	9.29	1	0.00 ***
ニンジン	S市場—M市場	0.19	1	0.66	0.35	1	0.56
ジャガイモ	S市場—M市場	0.96	2	0.62	5.35	2	0.07 *
トマト	S市場—M市場	0.77	1	0.38	12.7	1	0.00 ***

(注) 市場ペアの表記は表4-3と同様である。有意水準は*<0.1 **<0.05 ***<0.01。
(出所) 筆者推計。

3.2　卸売市場間の価格伝達

　卸売市場間の流通で効率性が確認できなかった要因として，消費地の卸売価格が参照価格となり，市場支配力を持っていた可能性がある。そのため，川下から川上へ価格が伝達されているかを別に確認することも重要であろう。

　そこで，これまでVECMの検定で使用した価格データに対してグレンジャーの因果性検定を行った[21]。表4-5で示した検定の結果から，ジャワ西部でK市場の価格はCG市場の価格に影響を与えていると言える。また同時にCG市場の価格もK市場の価格に影響を与えていることが分かる。一方で，ジャワ東部ではトマトについて産地出荷市場の価格が消費地の小売市場に影響を与えているが，ニンジンとジャガイモに関しては価格の伝達は確認できなかった。つまり，ジャワ西部の方が川下の卸売価格が川上に伝達され，川上における参照価格として機能しているのである。その起点となっているのはジャワ西部における中央卸売市場であり，卸売市場流通を支えていると言える。また，この

---

21)　Granger（1969）で提示された概念であり，市場iの価格予測を行うときに，過去の市場jの価格情報が，その予測の平均二乗誤差を減少させないときに，市場jから市場iへグレンジャーの意味で因果性がないと定義される。

ような市場構造を市場統合の検証モデルに組み込めていない点から効率性を確認できなかったことが示唆される。

3.3　卸売市場流通の問題点

　ここでは，競争的市場均衡モデルで考慮している輸送費用に着目することで，同じ東南アジアのフィリピン・タイとの比較を行い，さらに卸売市場流通の問題点を考察したい。後者については，産地と中央卸売市場の価格差（モデル内での輸送費用）が大きければ，卸売市場流通として問題が生じていると言える。たとえば高速道路などが整備されておらず交通費用が高くなっている点や，商人が人件費などの必要経費以上に利潤を得ている場合などが考えられる。そして，中央卸売市場流通における価格差が非常に大きければ，産地商人にそれを迂回するインセンティブを与え，中央卸売市場の役割が薄れる恐れもあるだろう。

　まず，福井（1995a: 245）が示したフィリピンのマニラ・タイのバンコクにおける卸売・小売価格に対する農家庭先価格の比率を基準点とし，比較を行う[22]。タイの中央卸売市場はインドネシア・フィリピンに比べて近代化が進んでいると言われ，特にタイでは卸売市場価格と産地価格の差がかなり小さいことを福井（1995a）は示している。しかし，表4-6に示したように，少なくとも本調査が行われた時点ではフィリピンより高く，タイとは同程度の値を示しているため，産地と卸売市場の価格差自体が大きいということはない。具体的には，ジャワ西部のK市場では卸売市場価格に対する産地市場価格の比率が0.40から0.77であり，フィリピンよりは高く，タイと比べるとやや低い値である。また，ジャワ東部では，小売市場価格に対する産地市場価格の比率が0.49から0.78であり，フィリピン（約0.2）よりも高く，タイ（0.36から0.74）とは同程度とみなすことができる。なお，データ上の制約からジャカルタの小売市場価格に対する中央卸売市場価格の比率はトウガラシでのみ算出できたが，そ

---

22)　本章で推計に使用した価格データを援用した。また，農家庭先価格でなく，産地商人の輸送費，人件費などが上乗せされていると考えられる産地出荷市場の価格を用いている。そのため福井（1995a）と比較して過大に推計されている。しかし，後述するように産地の輸送費や人件費はそれほど大きな値とはならず，また特にセロリやトウガラシなどは単価が高くその影響が小さい。そのため，このような処置でも大きな問題とはならないと考える。

表4-6 市場間の価格差

野菜の種類	市場ペア (市場1—市場2)	価格比率 (市場1の価格／市場2の価格)	価格差 (Rp/Kg)	市場1の価格 (Rp/Kg)		市場2の価格 (Rp/Kg)		サンプル数
				平均	標準偏差	平均	標準偏差	
ニンジン	CG市場—K市場	0.40	2,195	1,456	748	3,620	1018	246
インゲン	CG市場—K市場	0.50	2,545	2,455	1058	4,940	1565	246
チンゲンサイ	CG市場—K市場	0.50	1,032	1,018	520	2,028	659	246
ネギ	CG市場—K市場	0.60	1,932	2,746	1223	4,610	1444	246
セロリ	CG市場—K市場	0.60	3,075	4,567	3243	7,575	4323	246
トウガラシ	CG市場—K市場	0.77	3,542	11,145	6924	14,489	7968	246
トウガラシ	CG市場—KR市場	0.51	12,527	12,977	8,950	25,504	12,952	93
トマト	M市場—S市場	0.49	2,544	2,417	1523	4,953	1059	295
ニンジン	M市場—S市場	0.52	2,637	2,803	502	5,440	623	308
ジャガイモ	M市場—S市場	0.78	1,855	6,322	883	8,156	497	308

(注) KR市場はジャカルタ首都特別州の小売市場全般を指し，その小売市場価格は週次データである。またCG市場の価格データの計測期間が異なっており，サンプル数が他と大きく異なっている。なお，1インドネシアルピア＝117.6円である。
(出所) 筆者推計。KR市場の価格データはパサール・ジャヤ公社で入手した。

表4-7 消費地と産地間の交通費用

輸送元	輸送先	距離(km)	トラック容量 (ton)	交通費用 (Rp/Kg)
ジャワ西部				
CG市場近辺の農村	ジャカルタの市場	—	1.5	533
CG市場	ジャカルタの市場	96	2.7	111
CG市場	K市場	79	1.5	200
CG市場	ジャカルタの市場	96	2.0	200
チバナス市場	ジャカルタの市場	94	1.5	200
ジャワ東部				
M市場の近隣	KE市場の近隣市場	90	3.0	107
バトゥ市場	KE市場	85	2.0	150
バトゥ市場	KE市場	85	2.0	200

(注) キロ当たり交通費用にはトラックの運転手の賃金，食費，タバコ代も含まれている。「チバナス (Cipanas) 市場」はCG市場から1キロの場所にある公設市場である。「ジャカルタの市場」とはスニン (Senen) 市場，ジュンバテンリマ (Jumbaten Lima) 市場，クレンデル (Klender) 市場である。「KE市場の近隣市場」はアルジョウィラングン (Arjowilangun) 市場である。またバトゥ (Batu) 市場はM市場の隣の郡にあるマラン県バトゥ郡の公設市場である。距離はGoogleマップを使用して計測した。輸送トラックの容量は，商人が1回の輸送に使用するトラックの総積載量である。また，同じ容量のトラックでも商人，運ぶ野菜により容量は異なる。なお，1インドネシアルピア＝117.6円である。
(出所) 現地調査より筆者作成。

の値は0.51とタイの0.4よりも高かった。つまり，タイと比較して中央卸売市場と小売市場間の価格差は小さい。

　では，この産地と中央卸売市場の大きな価格差は何で構成されているのだろうか。CG市場とK市場についていえば，この価格差は，産地から中央卸売市場までの交通費用，CG市場の商人が取るマージン，K市場の卸売商人が取るマージンから成り立っているはずである。しかし，少なくとも一部の野菜については，これら以外の要素が価格差に反映されているのである。まず，交通費用はキロ当たり約200ルピア（約1.7円）であり，ジャカルタ内の小売市場に輸送する場合でも500ルピア（約4.3円）である（表4-7）。またCG市場の商人が取るマージンはキロ当たり150ルピア（約1.3円）から1000ルピア（約8.5円）である（表4-7）。K市場の卸売商人が取るマージンはキロ当たり700ルピア（約6.0円）であり，これらの費用を足し合わせても多くて2000ルピア（約17円），少ない場合は1000ルピア（約8.5円）となる。そのニンジン・チンゲンサイ・ネギは確かにこれらの構成要素で説明できるが，2500ルピア（約21円）から3500ルピア（約30円）の価格差があるインゲン・セロリ・トウガラシに関しては説明できない。これらの野菜は相対的に価格変動の大きな野菜であり，何らかの価格変動に起因するコストが影響しているかもしれない。さらに検討するためには中央卸売市場の取引をより詳細に調べる必要がある。たとえば，Kikuchi et al.（2016）と同様に流通に介在する商人行動からのミクロ的な接近手法が参考になるだろう。この点に関しては次の第5章の一部で再度検討することとする。

おわりに

　途上国の農産物卸売流通においては，産地と消費地における空間的な価格の連鎖が機能していない場合も見受けられる。物流インフラが整っていない場合や，商人が独占的に行動した場合が該当するが，そのような障壁がないことは近代的な卸売流通の実現のために重要である。すなわち，伝統的流通の発展段階を推し量る上で重要な検討事項である。また前章までの産地流通の現状とも大きく関連する。特に注目すべき点は，産地出荷市場における価格変動は農家の抜売を誘発し，近代的流通と伝統的流通を含めた産地流通全体に影響を与え

た点である。その産地出荷市場の価格に影響を与えうるのが中央卸売市場の価格であり，その影響の有無を検討することは重要だろう。そこで本章では，中央卸売市場と産地出荷市場の卸売市場間流通に焦点を当て，スポット契約を行う商人の裁定行動により市場統合されているかを検証した。その際，従来の研究の弱点である時系列データの集計の問題を解消するため，中央卸売市場・産地出荷市場のそれぞれにおいて日次ないし週次の価格データを収集し，解析に用いた。

　その結果，ジャワ東部の一部の野菜流通において市場統合が確認されたものの，中央卸売市場流通が行われるジャワ西部では認められなかった。つまり，現在の卸売市場流通に改善の余地が残されていると言える。市場統合が確認できなかった要因には，物流インフラの整備不足や介在する商人の多さによる卸売市場間の価格差が影響している可能性がある。しかし，実地調査で得た交通費用や商人の取るマージンのデータを概観する限り，それだけでは十分に説明できなかった。そのため，中央卸売市場を中心とした卸売流通の実態，特にその取引の仕組みにまで踏み込んで検討する必要があるだろう。

　他方で，ジャワ西部最大の中央卸売市場であるK市場から産地出荷市場への価格情報の伝達がグランジャーの意味で確認された。すなわち，中央卸売市場で形成された価格が産地出荷市場の参照価格になり，価格発見機能が確かめられたと言える。前章で近代的流通に参加する農家の伝統的流通への抜売が観察されたのがジャワ西部であり，その一因が伝統的流通における野菜価格の上昇にあったことを踏まえれば，前章の事例は中央卸売市場を通じてジャワ西部の他地域でも起こり得ると言える。

コラム

スーパーマーケットから見た産地の商人

　近代的流通の中心に位置するスーパーマーケットは生産者から小売店舗に至るまで一貫したサプライチェーンの構築を目指している。その障害としてスーパーマーケットが認識しているのが産地流通を統括する大規模な商人である。本研究の開始当初である 2009 年 1 月に，ジャカルタ首都特別州内に店舗を持つスーパーマーケットのうち，グランドラッキースーパーストア（Grandlucky Superstore，以下 GS）・ヘロー・カルフールの購買担当者，およびそのサプライヤーから話を聞いた。基本的にそれらのスーパーマーケットは SS から購買しているが，ヘローは有機野菜など一般市場に流通していないものに関しては農家との契約栽培を行っている。他方で GS は，K 市場の卸売業者から果実を継続的に購入している一方で，ほか 2 社は流通量が不足した時などに K 市場を利用していた。カルフールの担当者曰く，K 市場の果実は品質差が大きいため，等級分けや歩留まり低下に伴うコストを避けたいようである。GS は伝統的流通の基盤である公設市場から購入している点で伝統的流通との融合事例として興味深い。しかし，他の 2 社と比べても産地への進出が進んでいない状況であり，購買担当者は「産地の商人のせいで農家との直接的な契約を結ぶことができない」と不満を漏らしていた。やはり，中間業者を挟まないサプライチェーンの構築が最も利益を向上させると認識しており，その最大の障害が伝統的流通の商人だと捉えられているのだろう。一方で，筆者が同時期に調査していた大都市の卸売市場を代表する K 市場の商人からも，出荷をコントロールする産地の大規模な商人に対して相対的に弱い立場にあるとの声を聴いていた。このように異なるアクターから示された産地の「見えない壁」に関心を持ち，産地の大規模商人へと調査対象を変化させていったのである。

　そして，K 市場から見た近郊野菜産地の 1 つであるチアンジュール県 C 村で実施した商人の調査から振り返ると，GS の購買担当者の不満を鵜呑みにすることができない。実はいずれのスーパーマーケットにおいても野

菜の等級分け・選別を自社で行うことはなく，卸売業者やSSに任せる購買体制を採用していた。しかし，生産活動に手一杯な一般的な農家がその作業を担えるとは思えなかったのである。むしろ本書で述べたように，農家とスーパーマーケットの間を仲介する伝統的流通の商人たち，そしてSSの介入は合理的なものに見えた。たとえば，産地の商人が野菜の洗浄・選別・包装を担い，SSが更なる加工を行うことで（詳細は3章），付加価値の付け方が差別化されているのである。そして契約栽培を継続する難しさも考慮すれば，GSの購買担当者の発言は他社と比べ産地進出で後れをとっている1企業としての焦りであり，伝統的流通の構造的欠陥を指摘したものと受け取ることはできなかったのである。

集荷商人が包装に用いるビニール。彼らは
「プラスチック」と呼んでいる（2012年9
月20日筆者撮影）。

野菜の洗浄スペース（2012年9月5日筆者撮影）。周辺には小さく，形の悪い人参が捨てられていた。

第5章

バザール的な中央卸売市場

——流通機能とその展望

はじめに

　本章では，卸売市場流通において中心的な役割を果たす中央卸売市場に着目し，そこで行われている取引の実態を明らかにすることで卸売市場としての機能の有無を検討する。ジャワの中央卸売市場としては，ジャカルタ首都特別州東ジャカルタ市にあるクラマッ・ジャティ中央卸売市場（Pasar Induk Kramat Jati：以下 K 市場）が代表的である。市場の取扱量は極めて大きいものの，相対取引が主流である点などは地方のパサールと共通している（諸岡, 1995）。しかし 2000 年代以降，高速道路の整備や市場設備の整備が進み，また携帯電話の普及など卸売市場内の取引に影響を与えうる外生的な変化が生じているのである。その中で，生鮮青果物における卸売市場の主要な機能である，①買手と売手が納得できる適正な価格形成，②能率的な集分荷，③迅速確実な代金決済と必要に応じた信用供与（桑原, 1969: 154）がどの程度実現されているかを検討する。

　これらの卸売市場の機能に関する分析枠組みを説明する。①の価格形成は，既に述べたように相対取引で行われている。一般的には商人が異なれば価格も異なり，市場内で価格情報の偏在が生じる。しかし，卸売市場で集中的に行われる取引であれば，複数の商人を探して交渉する際に生じる探索費用も低減され，オークションのような競争的な値付けが可能である(Hayami and Kawagoe, 1993: 124-125)。換言すれば，産地の生産状況，消費地の小売需要を反映した価格相場が形成されると考えられる。この点を商人の取引から直接的に検証することは難しいが，本章では，卸売業者と仲買人の分業が K 市場で見られることに着目する。卸売業者と仲買人の取引先・取引人数・交渉人数，そしてジャワ西部・東部の比較という視点から検討するのである。ジャワ東部では分業が見られないだけでなく，中央卸売市場の設置が遅れている点から，Dewey(1962)や Alexander（1987）らが描写した卸売市場の姿を維持していると考えられ，比較参照点として適している。

　③については，代金決済と信用機能は日本のような卸売市場制度で担保されていないため，卸売市場の運営会社が担うのではなく，卸売商人の資金力に依存する。そのため，卸売商人の運転資金に着目することが重要である。他方で，卸売商人に多額の運転資金が必要となるのであれば，それは卸売市場への新規参入の障壁となる可能性がある。また，このような参入障壁により自由な競争

が妨げられているのであれば，卸売業者は独占的行動をし，多くの利潤を得ようとするはずである。これは卸売市場としては望ましくなく，4章で確認したように市場統合を妨げる要因となる。その点を検証するため1章と同様に卸売業者のマージン率の分析を行う。

②の集分荷機能に関しては，日本の卸売市場法のような認可制がないため，仲買人による分荷が制度的に担保されているわけではない。しかし，ジャワでは同一市場内で積荷のばらし，再包装という集分荷が観察される（Alexander and Alexander, 1991）。また，中央卸売市場ゆえにジャワ各地から野菜が搬入されることを考慮すれば（エヴィリスナら, 1998），集分荷の機能を有していることが予想される。集分荷機能の検証は実際にはかなり難しい作業である点も踏まえて直接の分析対象とはしないが，後述するK市場内で見られる商人の分業は集分荷機能を示唆するものである。

上述の卸売市場の機能の検討と同時に，本章では4章に関連する追加的な分析を行う。4章では卸売市場間の取引形態がスポット契約であることを前提としたが，その取引形態自体の検討を行うのである。序章2.4で述べた関係的契約の定義である「売手と買手間の継続的な取引関係で生じるインフォーマルな同意」を掛取引の程度および売買方法の種類から検討する。仮に現金払い取引などで掛取引がほとんど行われていないのであればスポット契約とみなせ，逆に先決取引や委託取引などが行われていれば関係的契約になっていると考えるのである。

以下ではまず現地調査の概要を述べる。次に，代表的なジャワの中央卸売市場であるK市場を中心に，その卸売取引の特徴を示す。そして，中央卸売市場における価格形成と決済・信用機能の分析を行う。後者については卸売商人のマージン率と参入障壁の面から分析を行うが，その際に市場統合が確認されなかった要因の検討も行う。最後に，パサールを基盤とした卸売流通を他国との比較の中で位置づけるとともに，産地流通の動向（1章から3章まで）も踏まえ総合的な考察を行う。

1. 調査概要

4章で対象とした5市場に加え（K市場・CG市場・KE市場・G市場・M市場），

中央卸売市場として西ジャワ州バンドゥン市チャリンギン中央卸売市場（Pasar Induk Caringin，以下 CA 市場），およびスラバヤ市郊外の中央卸売市場であるプスパ・アグロ中央卸売市場（Pasar Induk Puspa Agro，以下 PA 市場）で調査を行った（調査対象市場の概要を表5-1にまとめている）。しかし，PA 市場は 2010 年に新設された卸売市場であり，商人が取扱う青果物の数も多いことから小売市場としての性格が強い。そのためジャワ西部の K 市場や CA 市場とは中央卸売市場としての性格が異なり，比較対象として適切とは言えない。そこで，市場の敷地面積の大きさを基準に東ジャワ州でも大規模な市場である G 市場を比較対象として選択した。

　中央卸売市場における現地調査では，ジャワの主要な野菜であるジャガイモ・エシャロット・キャベツ・ニンジンを取り扱う商人を，重複を認めて各 10 人選定することを基本とした。その際，公設市場で作成した売場識別番号から無作為抽出を試みたが回答を拒否される場合もあったため，一部の商人はそれまでにインタビューをした商人からの紹介により選択している。最終的に，2011 年 12 月から 2012 年 1 月のあいだに K 市場・CA 市場・G 市場からジャガイモ・エシャロット・キャベツを取り扱うのべ 94 名の商人のデータを得た[1]。

　産地の公設市場に関して，ジャワ西部の産地の公設市場である CG 市場は K 市場の南西 90 キロの地点にあり，そこで 2012 年の 8 月から 10 月まで 8 名の伝統的流通の商人に対し実態調査を行った。そして，ジャワ東部の M 市場で 2011 年の 10 月から翌年 1 月までに 15 名の商人に対して実態調査を行った。M 市場は CG 市場と同程度の規模の市場だが，M 市場から島外のカリマンタンなどへ販売する商人もおり，商人の経営規模は大きい。また，M 市場・CG 市場ともに複数の野菜を取引する商人が多く，前述の中央卸売市場の調査と異なり，取り扱う野菜の種類による対象の制限はできなかった。

　中央卸売市場の概要を次に説明する前に，調査設計に関する注意点を 2 点述べたい。1 点目は，ジャワの東部と西部の伝統的流通を比較する際の注意点である。ジャワ東部の消費地における公設市場は卸売と小売が混在しており，また中央卸売市場の導入が遅れていることから，同じ業態の商人として比較できるわけではない。そのため，取引の方法・決済などの質的な相違点にも焦点を

---

1) なお，ジャワ西部の中央卸売市場でバンダル・チュンテンと呼ばれる日本での卸売業者・仲買人に相当する商人区別をサンプル抽出時に行っておらず，特に卸売業者のデータが不十分な点には注意されたい。

表5-1　公設市場の概要

公設市場	東ジャカルタ市 クラマッ・ジャティ市場	バンドゥン市 チャリトゥン市場	マラン県 ガダン市場	スラバヤ市 ケプトラン市場	スラバヤ市 アスパ・アグロ市場	チアンジュール県 チゴンボン市場	マラン県 マントゥン市場
市場の地理的位置づけ 卸売・小売の別	ジャワ西部消費地 卸売	ジャワ西部消費地 卸売・小売	ジャワ東部消費地 卸売	ジャワ東部消費地 卸売・小売	ジャワ東部消費地 卸売・小売	ジャワ西部産地 卸売	ジャワ東部産地 卸売
市内の公設市場の数	155	35	18	67	—	—	—
1市場当りの消費者数	61,979	71,742	49,703	46,421	—	—	—
1市場当りの消費者範囲（km²）	428	478	611	497	—	—	—
設立年度（野菜取引の開始年度）	1973	1990	1999	1982	2010	2004	2004
面積（ha）	14.7	13	2*5	1.6	25	0.3*5	4*5
売場（kios）の数	800	300	—	852*6	50	35*6	40
取扱農産物	青果物	青果物、魚類、肉類	青果物、魚類、肉類	青果物、魚類、肉類	青果物、魚類、肉類	野菜	野菜
取引野菜の種類数*7	1.3	1.3	2.1	3.0	5.9	3.9	3.6
調査対象の商人の人数	30	30	27	5	19	8	15
商人のサンプルサイズ（ジャガイモ）	13	11	10	1	7	0	9
商人のサンプルサイズ（エシャロット）	10	11	13	3	15	0	0
商人のサンプルサイズ（キャベツ）	10	10	6	1	5	1	11
商人のサンプルサイズ（ニンジン）	—	—	—	—	—	5	10

（注1）本文中の各市場の略称は次のとおりである。クラマッ・ジャティ市場はK市場、チャリトゥン市場はCA市場、ガダン市場はG市場、ケプトラン市場はKE市場、アスパ・アグロ市場はPA市場、チゴンボン市場はCG市場、マントゥン市場はM市場である。

（注2）スラバヤ市の「市内の公設市場の数」の数は81から67に減少。マントゥン市場は2011年の人口数より得た。

（注3）「1市場当りの消費者数」はBPSから取得した（東ジャワ各消費地の2011年の各消費地の人口数より）。

（注4）K市場の設立自体は1918年である。

（注5）CG市場の「設立年度」は産地出荷市場として整備され、運営を再開した年である。以前にも1960年から市場として使用されていた。

（注6）G・CG・M市場の「面積」は野菜を取り扱う商人が所在する店舗の総面積である。

（注7）KE・CG市場の「売場の数」は市場で営業している商人の数で代替した。

（注8）「取引野菜の種類数」は作物単位で集計した。商人1人が扱う野菜の種類数の平均値である。ただし、産地の市場で営業する商人に関しては、重複せずに集計した。

（出所）BPS Statics、および各市場の管理部への聞き取り調査より筆者作成。

当て実態把握に努めた。2点目として、ジャワ西部の公設市場の方がジャワ東部よりも競争的という市場構造の違いがあり、それらを調査対象に含めることでジャワの多様な流通システムの包含を意図している点である。たとえば、ジャワ東部のスラバヤ市では近年公設市場で営業する商人の数が減少しており、公設市場の数は2000年以降81から67に減少している[2]。その一方で、ジャワ西部のジャカルタ首都特別州の公設市場数に変動はない。ジャワ西部の方がスーパーマーケットの進出が激しいこと、またスラバヤ市では1市場当りの消費者数がジャワ西部に比べ少なく（表5-1）、それまでの公設市場数が過剰だったと考えられることから、伝統的流通の競争力はジャワ西部の方が上だと言えるであろう。

2. 中央卸売市場の概要と取引

2.1 クラマッ・ジャティ中央卸売市場（K市場）[3]

　ジャカルタ首都特別州への人口集中や食料需要の急増を背景に、1970年初頭にパサールを中心とする流通が円滑に機能しなくなっていた。そこで州政府は流通システムの近代化を目指し、青果物卸売機能を市郊外の一箇所に集中させるため、中央卸売市場の開設を目指した。それがK市場であり、1973年12月28日付のインドネシア共和国ジャカルタ首都特別州知事令に基づいて建設され、1974年に操業を開始した。K市場の敷地面積は14.7haで、2003年からの市場再整備と相まってインドネシア国内でも有数の規模と設備を備えている。同市場は図5-1が示す配置を取っており、市場内には銀行・電話局・トイレ・駐車場・モスクなどが備わっている。K市場はパサール・ジャヤ公社（PD. Pasar Jaya）の管轄のもとで、管理・運営されている。同社はジャカルタ首都特別州内の公設市場を統括している組織であり、102haの土地を所有している。また州政府は、ジャカルタ首都特別州に持ち込まれる青果物の全量がK市場

2）東ジャワ州商業省主催の会議資料を基にしている（2011年12月筆者参加）。
3）主にエヴィリスナら（1998）に依拠し、2000年以降のK市場の動向を追加で説明した。

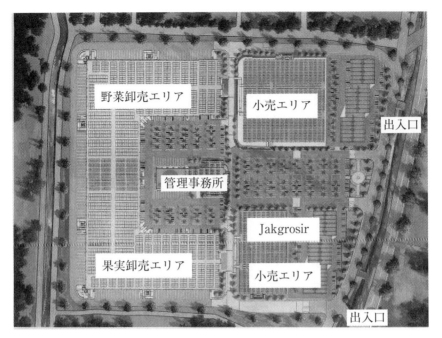

図 5-1　K 市場の模式図

（注）Jakgrosir は 2017 年に開設されたパサール・ジャヤ公社が公営目的で運営しているスーパーマーケットである。一般消費者も買い物できるが，低所得者への食品提供窓口に用いられている。
（出所）管理公社資料を元に筆者作成。

を経由して分荷されなければならないとし，中央卸売市場としての機能を求めた。品目により異なるものの，卸売市場経由率は 70〜80% に維持されている。これは制度に強制力があるからではなく，高速道路の降り口に近いといった地理的条件などから K 市場を経由することに経済合理性があるからと考えられる。

　K 市場の内部組織に注目すると市場組合（korporasi pasar）があり，商人への預金貯蓄・資金貸付を主な業務としている。組合の収益源は貸付金の利息と貯蓄金の銀行金利収入である[4]。なお組合への参加費は必要とされない。加入者のメリットは銀行に行かずに貯蓄ができる点と，比較的安い金利で借り入れできる点である。また，エシャロットを取り扱う商人の間で互助会が形成されているなど，商人同士で組織形成の動きがある。しかし，契約違反者の公示などは行われておらず，契約違反が発覚した時の懲罰システムとはなっていな

い[5]。

　商人がK市場で営業するにあたって必要とされる費用は店舗使用料であり，日本のように委託手数料を市場に納める必要はない。店舗使用料については，年間80万ルピア／㎡（約6,800円）の土地賃借料が市場利用者に課されていたが，その負担は小さくない。一店舗あたり12㎡で一業者当たり2〜3店舗借りているため，年間2000〜3000万ルピア（約170,000円から約250,000円）の負担になっていた。なお，店舗を買い上げることも可能であるが，多くの場合店舗所有者は他の商人へと又貸ししている。

2.2　卸売取引の概要

　商人の1日の取引量（表5-2）を見ると，K市場・CA市場における卸売業者の取引規模がG市場よりもかなり大きいことが分かる。またジャワイモに関しては，仲買人の取引量も決して小規模ではないことが分かる。一方でG市場の場合は農家から仕入れる割合が27〜53％と一定程度存在するが，K市場・CA市場では農家から仕入れることがほとんどない[6]。つまり，K市場・CA市場は産地の商人との卸売取引を主体としていると言える。次に，どのような

---

4)　2018年8月に行った市場組合への聞き取り調査による。預金を預かるために毎朝10時に職員が商人の元を訪れ，最小1万ルピア（約78円）から預かる。その際，銀行と同じように通帳を発行している。資金貸付については，月2％の金利で一人当たり最小100万ルピア（約7,800円），最大1億ルピア（約780,000円）が可能である。200万ルピア（約16,000円）以下の借入には担保は不要であり，200万から1000万ルピア（約78,000円）の場合は車両所有証明書が担保になる。そして1000万ルピア以上の借入だと店舗保証書の原本と住民登録証（KTP）の写しが必要になる。

5)　グライフ（2009）で多者間の懲罰戦略として知られるシステムであるが，類似のシステムとして，商人同士で形成されるグループによる懲罰システムが考えられる。しかし，調査時点で確認することができなかった。たとえば携帯電話などの連絡手段が普及する前は，卸売商人同士がグループを形成し，地方市場からの遠隔地流通を行っていた（Dewey, 1962: 134-137）。金融市場が未発達であるため資金力に乏しいことが一般的な卸売商人は，グループによる大量の共同仕入れにより，規模の経済の恩恵を受け，遠隔地流通に参加できたのである。そして，市場情報を迅速に得るために，グループ内の商人が他地域の市場を偵察するなどの役割分担がなされていた。他方で，このようなグループ化は継続的なものではなく，また地縁や血縁関係に依拠しているわけでもない。このような卸売商人のグループは2人から8人程度の少人数で構成され，3日から5日程度の1回の取引で関係が解消される。そして，グループのコアになるメンバーには友人関係，血縁関係がある場合も多いが，より魅力的な資金の使い先があれば，そちらが優先されたのである。この点からも多者間の懲罰戦略として機能しているわけではない。

表5-2　消費地の公設市場で営業する商人の購買行動の概要

	K市場		CA市場		G市場
	卸売業者	仲買人	卸売業者	仲買人	その他
ジャガイモ					
取引量（キロ／日）	17,500	5,257	5,500	5,750	1,229
購買額で県外仕入れが占める割合(%)	100.0	100.0	81.3	81.4	97.2
仕入れ先との距離（時間）	13	9	10	6	4
購買額で農家仕入れが占める割合(%)	0	0	0	0	31
サンプル数	1	1	3	3	10
エシャロット					
取引量（キロ／日）	19,250	700	3,500	1,167	1,763
購買額で県外仕入れが占める割合(%)	100.0	100.0	100.0	100.0	84.7
仕入れ先との距離（時間）	6	0	6	1	5
購買額で農家仕入れが占める割合(%)	0	0	0	48	27
サンプル数	1	2	1	3	13
キャベツ					
取引量（キロ／日）	3,500		4,000	4,500	1,500
購買額で県外仕入れが占める割合(%)	100.0	—	0.0	0.0	0.0
仕入れ先との距離（時間）	4	—	3	3	1
購買額で農家仕入れが占める割合(%)	0		0	0	53
サンプル数	1	0	1	3	5

(注）K市場で県外から仕入れている割合は，ジャカルタ首都特別州外から仕入れている割合を意味する。商人のタイプの「その他」は公設市場外から購買し，公設市場外で営業する商人へ販売する商人である。
(出所）現地調査より筆者作成。

卸売取引を行っているかを明らかにするため，価格が決定されるタイミングおよび決済期間に着目する。

　ジャワ西部の消費地と産地の市場間における取引を示した表5-3より，K市場とCA市場では，野菜の受け渡しの際に価格を決定する「現金払い取引」が大半を占めていることが分かる[7]。CG市場の商人の販売方法に関してはデータが無いものの，数人の商人の話では価格交渉はほとんど行われていないようである。また，決済期間はK市場の卸売業者を除けば，ほとんどが即金決済であり，長くても数日の間に決済が完了している。決済に数日かかる場合は，

---

6)　CA市場は野菜生産が盛んなバンドゥン県近郊の生産農家から直接仕入れる場合も多く見られる。

7)　ただし，卸売業者タイプの商人の産地商人への決済期間は30日後にまで及ぶ場合もあることから，即金決済を条件とする現金払い取引とは異なる。

表5-3　取引における価格決定のタイミングと決済

| 野菜 | 取引方法 | K 市場 | | CA 市場 | | CG 市場 |
		卸売業者	仲買人	卸売業者	仲買人	
ジャガイモ	現金払い取引	100 9.9	100 2.2	100 1.3	100 3.1	36.9 0.8
	委託取引					21.7 2.2
	先決取引					41.4 0.0
エシャロット	現金払い取引		100 2.3	100 0.0	100 2.0	
	委託取引					61.9 4.2
	先決取引	100 1.5				38.08 0.2
キャベツ	現金払い取引	100 30.0	100 2.0	100 0.7	100 1.0	35.5 −
	委託取引					64.5 0.6
	先決取引					

(注) 上段：購買高に占める各取引方法の比率（％），下段：取引から決済完了までの日数。商品の受け渡しを基準として，受渡し前に価格が決定されれば「先決取引」，受け渡し後に価格が決定されれば「委託取引」，受け渡し時に決定されれば「現金払い取引」と記載した。また，決済日数として，野菜の受け渡し後から起算して決済が完了するめでの期間を記載した。なお，ジャワ西部の消費地市場では商人のタイプ別に記載し，CG 市場の価格決定のタイミングのデータは得られなかった。
(出所) 現地調査より筆者作成。

次回取引時に決済をしており，継続的な取引において観察される。とはいえ，基本的にはほとんどスポット契約と見なせる取引がジャワ西部で行われていると言える点は，ジャワ東部のG市場と比較すると明確である。ジャワ東部では現金払い取引以外の取引方法が多く，野菜の受け渡し前に価格を交渉で決める「先決取引」，野菜の受け渡し後に消費地の商人が販売した時に価格が決定される「委託取引」のいずれかの売買方法が利用されていたのである[8]。これらの取引においては，取引の同意から荷の受け渡しそして決済までで時間差が生じるため，途中で契約破棄される可能性がある。しかし，卸売商人と産地との取引はほぼ毎日行われるため，少数の取引相手との継続的な取引関係が自然

8) 先決取引の場合も関係的な契約に区分した。先決取引では同意した価格が決済時点でも維持されずに再交渉が行われる場合や契約破棄となる場合もあるため，スポット契約である現金払い取引よりも当事者間の関係性が取引の履行に必要とされるからである。

と形成されていると推察され，ジャワ西部とは対照的な状況にあると考えられる。また，ジャワ西部の状況については，4章におけるスポット契約の前提は妥当なものだったと言えるだろう。

3. 中央卸売市場の商人と流通機能

3.1 インフォーマルな市場制度による価格形成

　まず，ジャワ西部の中央卸売市場内で観察されるインフォーマルな取引制度に関して説明する。K市場内では，日本の青果市場における卸売業者と仲買人による相対取引と同様の様子が観察される。卸売業者に相当する商人はバンダル（bandar）と呼ばれ，仲買人に相当する商人はチュンテン（centeng）と呼ばれている。バンダルがジャワ全域の産地からの出荷を受入れ，それらバンダルの元をチュンテンが訪れ価格が低く品質が高い野菜を探索する。そして，バンダルから仕入れを行ったチュンテンは，K市場を訪れる他市場の小売商や卸売商，さらには一般消費者にも販売するのである。チュンテンによる価格・品質の探索行動がバンダルとチュンテンとの間の競争的な値付けを可能としている（Hayami and Kawagoe, 1993: 124–125）。

　ここではまず，現在のK市場でもバンダルとチュンテンによる市場内の分業（以下ではBCシステムと呼ぶ）が見られるかを確認する。中央卸売市場内での取引の有無を示したのが表5-4である。K市場のバンダルはジャガイモを除けば市場内の商人に販売している。また，同市場のチュンテンも購買高の77％以上を同市場のバンダルから購入しており，K市場はBCシステムが現在も存在することが認められる。また，CA市場では他の公設市場に販売するバンダルと，他の公設市場から仕入れるチュンテンが目立つ。すなわち，BCシステムがK市場ほど浸透しているわけではなく，ジャワ西部において地域差があることが分かる。他方で，G市場では中央卸売市場内での取引は見られなかったため，BCシステムはジャワ西部固有のものであることが推察される。

　次にBCシステムでどの程度競争的な価格付けがされているかを市場ごとに把握するために，表5-5に示したバンダルの販売先とチュンテンの購買元の商

表5-4　公設市場内部での取引の割合（%）

市場			ジャガイモ 取引相手					エシャロット 取引相手				キャベツ 取引相手					
			1	2	3	5	6	1	2	5	6	1	2	3	4	5	6
K	B	購買時					100				100						100
		販売時	50	50				100				100					
	C	購買時	100					77	23			100					
		販売時		100				100				100					
CA	B	購買時					100				100						100
		販売時	66		34			68	32			23	26	51			
	C	購買時	34	48			18	78	22			91	9				
		販売時		84	16			100				100					
G		購買時					100			4	96				20		80
		販売時		64		22	14			98	2		26			27	47

（注）K市場，CA市場について，Bはバンダル，Cはチュンテンを示す。1＝同一市場内の商人とだけ取引，2＝他市場の商人（小売，卸売）とだけ取引，3＝同一公設市場の商人と他公設市場の商人とだけ取引（1，2を除く），4＝同一市場の商人，および公設市場外の商人と取引，5＝他公設市場の商人，および公設市場外の商人（小売，集荷商）と取引，6＝公設市場外の商人もしくは農家（仕入時）・消費者（販売時）と取引。ジャガイモの場合の取引相手4，エシャロットの取引相手3，4は該当なしのため省略。
（出所）現地調査より筆者作成。

表5-5　購買時，販売時に取引可能な商人の人数（人）

		K市場 B	K市場 C	CA市場 B	CA市場 C	G市場	CG市場	M市場
ジャガイモ	購買元人数	3.5	4.6	3.0	5.5	4.5	1.0	5.6
	販売先人数	45.0	84.2	17.5	—	6.3	10.0	4.1
エシャロット	購買元人数	5.5	3.0	—	14.3	5.4	—	—
	販売先人数	20.0	85.0	10.0	38.2	6.2	—	—
キャベツ	購買元人数	3.0	6.0	15.0	8.0	37.3	3.0	
	販売先人数	—	25.0	95.0	57.0	9.2	7.5	6.0
ニンジン	購買元人数	—	—	—	1.0	6.2	4.1	3.1
	販売先人数	—	—	—	20.0	2.7	5.0	5.7

（注）K市場，CA市場について，Bはバンダル，Cはチュンテンを示す。
（出所）現地調査より筆者作成。

人の人数から検討する。K市場のバンダルの販売先人数はCA市場よりも多く，多くのチュンテンから価格や品質を検討されており，バンダル間での競争も激しいことが推察される。また，CA市場のバンダルは販売先人数がK市場の半

表5-6　チュンテンによるバンダルの探索と取引決定人数

	K 市場		CA 市場	
	探索人数	執行人数	探索人数	執行人数
ジャガイモ	—	—	1 (1)	1 (1)
エシャロット	—	—	7 (5)	2.5 (5)
キャベツ	4.6 (5)	2.3 (5)	6 (3)	3.5 (3)

（注）一日に交渉する相手の人数を「探索人数」，一日の中で取引が成立する商人
　　　の人数を「執行人数」とした。右括弧内はサンプルサイズ。
（出所）現地調査より筆者作成。

分程度である（キャベツを除く）。そしてチュンテンの購買元は CA 市場のエシャ
ロットを除けば 10 人以下であり，バンダルと継続的な取引関係を有している
と考えられる[9]。両市場の BC システムの違いを捉える上で，K 市場のバンダル
が多くのチュンテンへ販売していた理由に着目したい。K 市場のバンダルの
取引量は多く経営規模が大きいことから推察されるように，中央卸売市場内の
バンダルの人数はかなり限られている。つまり，バンダルとチュンテンの経営
規模の差が大きいために BC システムがより明確に運用されており，より競争
的な価格形成が K 市場内でなされていることが推察される。

　他方で，ジャワ東部の G 市場の商人の販売先人数は 10 名以下である。K 市
場・CA 市場のチュンテンの販売先が 20 名から 80 名程度の範囲にあることと
比較すると，販売先の取引相手は少ない。既に述べたようにジャワ東部の市場
で見られる売買方法により取引できる相手が制限されているとすれば，ジャワ
西部の方が多くの商人に開かれた市場だと推察される。

　さらにジャワ西部の K 市場と CA 市場に着目し，チュンテンがバンダルか
ら仕入れる時に価格情報の探索をしているかという点を検討する（表5-6）。CA
市場のジャガイモを除けば，チュンテンは売買をするバンダル以外に，2 人か
ら 5 人のバンダルの元を訪れており，実際にチュンテンによる価格情報の探索
が行われていた。さらに，BC システムでは同じ種類の野菜であっても出荷先
のブランドや大きさなどの等級により価格が異なることから，それを評価でき
るオークションに類似した特性を持っていると考えられる。セリ取引のように

9)　規模の大きな K 市場でも各野菜のバンダルの総数は 10 人程度であり，チュンテンの購買先が
　　限定されているわけではない。また，後述するようにバンダル同士が競争的である点から，価
　　格形成は競争的に行われていると考えられる。

価格情報が常にオープンになっているわけではなく，あくまでも交渉で価格が決定されているからである。また，現地調査時，複数のチュンテンが価格の高い野菜を購入する要因としてその品質の高さを挙げていた[10]。

　このようにして形成された中央卸売市場の価格情報はインターネット上で公開されており，従来のような価格交渉を通じた産地への情報伝達よりも近代化している。特に，2010年代のスマートフォンの普及に伴い，FacebookやWhatsAppなどのSNSを通じて産地商人と情報交換が行われている。さらに2018年にK市場を再訪すると，バンダルが産地に赴いて取引先を開拓することは現在ほとんど行われておらず，前述のSNSを通じて取引が開始されるとのことであった。3章で見たような伝統的流通を単発の販路として利用する産地の農家や商人にとっても情報探索のための費用を節約する動きと捉えることができるだろう。

　ここで，BCシステムについて2点補足しておきたい。1点目は，輸入された野菜の卸売市場での取り扱いである[11]。ジャカルタ北部のタンジュン・プリオク（Tanjung Priok）港から入荷したジャガイモは，K市場のバンダルを通じてCA市場のチュンテンへ販売されるルートが確立されている。輸入野菜においては，複数市場間でのBCシステムに沿って価格付けされて流通するのである。2点目は，BCシステムが適用される空間的範囲である。実はジャカルタ首都特別州の公設市場では，バンダル・チュンテンの取引相手は同一市場内に限定されない。つまり，ジャカルタ首都特別州内に入荷した野菜が「市場Aのバンダル―市場Bのチュンテン―市場Cの小売商」を経由することもBCシステムに包まれ，卸売流通制度として成立しているのである。BCシステムは市場内の卸売流通制度というよりも，より広義に捉える方が現実に近いだろう。つまり，消費地の卸売業者は小売業者へと競争的かつ緊密な取引のネットワークを広げていると捉えることができるのである。さらに付け加えれば，消費地だけでなく，産地へもこのシステムが波及している可能性もある。そのこ

<hr />

10）　K市場でエシャロットのバンダルとして営業するE氏への聞き取り調査，2011年12月28日実施。また，複数のチュンテンが価格の高い野菜を購入する要因としてその品質の高さを挙げていた。野菜の種類により等級は異なるが，概ね3つの等級に分けられるようである。各等級の価格差は均等であるため，4章の市場統合の分析は中間規格の野菜についての分析と位置づけることができる。

11）　K市場でジャガイモを輸入するバンダルとして営業するD氏への聞き取り調査，2011年12月31日実施。

とに焦点を当てたジャワ西部の事例を【補足】で紹介した。

3.2 中央卸売市場のマークアップ

　決済機能の検証をする前に，商人の取引行動（マークアップ）に関する基礎的情報を提示し，過大なマークアップにより市場統合が妨げられていないかを検討することにする。1章3.1と同様，シンプルな完全競争（perfect competition）を前提にして，価格とマージンそして費用のデータを用いた分析を試みる。つまり，多数の商人が完全競争していると仮定して，限界費用と限界収益が等しければ競争的な状況にあると捉える。ただし，全ての費用を観察することは難しいことから，商人ごとに観察可能な輸送に係る交通費用と労働費用を単位キロ当たりに換算したユニットコストを限界費用とみなした。また，本研究では異なる流通地点にある公設市場の商人に対して完全競争モデルから逸脱する程度を比較するために，ネットマージン率により効率性の程度を捉える[12]。Faf-champs et al.(2005)に従い，商人iの売値をP_{sell}，買値をP_{buy}，商人iのユニットコストをC_vと表記すると，ネットマージン率m_iは

$$m_i = (P_{sell} - P_{buy} - C_v)/P_{buy} \tag{5-1}$$

で表される[13]。

　表5-7からジャワ西部のネットマージン率を比較すると，産地のCG市場のネットマージン率が11.4%であるが，消費地の中央卸売市場であるK市場のバンダルのネットマージン率は15.3%であり比較的高い。他方で，ジャワ東部では産地のM市場のネットマージン率が11.9%となる一方で，G市場のネットマージン率は28.5%となり，ジャワ西部と同様，ネットマージン率の大きさは産地で小さく中央卸売市場で大きい。つまり中央卸売市場のマークアップが大きいと言える[14]。これらから，両地域で市場統合が部分的にしか確認され

---

12)　限界利潤の絶対値だけで異なる公設市場の商人の取引行動の効率性を判断することも難しい。例えば小売市場の商人と産地市場の商人が同じ1,000ルピアの限界利潤を得ていたとして，買値がそれぞれ4,000ルピア，1,000ルピアであれば，どちらも同程度均衡から乖離していることになる。また，効率性の程度が限界利潤の程度と直接理論的に対応しているわけではないが，相対的な商人の効率性の高さを把握するための指標としては有益である。

13)　ただし，野菜ごとに商人を分類したため，データには重複するものもある。

表 5-7　産地―消費地間の商人のマージン

	ネット マージン率 （%）	グロス マージン （IDR/kg）	交通 費用 （IDR/kg）	ネット マージン （IDR/kg）	取引量 （kg/time）	N
消費地市場						
G 市場	28.5	1,085	23	1,062	1,435	31
KE 市場	29.0	1,375	36	1,339	1,100	4
K 市場・バンダル	15.3	700	56	644	10,000	4
K 市場・チュンテン	23.6	873	47	826	1,433	26
K 市場・合算	34.2	1,550	104	1,446	―	30
CA 市場・バンダル	8.4	394	58	336	4,944	9
CA 市場・チュンテン	19.1	880	34	845	1,505	22
CA 市場・合算	29.4	1,274	93	1,181	―	31
産地出荷市場						
CG 市場	11.4	510	25	485	1,241	11
M 市場	11.9	507	118	388	1,504	20

（注）KE 市場に関してデータ数は少ないが参考のため記載した。
（出所）現地調査より筆者作成。

なかった要因として，中央卸売市場の商人によるマークアップが一つの要因だと考える。さらに参考情報ではあるが，市場統合の検証で使用した価格データの取得地であるスラバヤ市の KE 市場のネットマージン率は 29% であり，G 市場と同等であった。

　より詳細な現地調査で確認することはもちろん重要だが，ここでは K 市場における BC システムによるマークアップの増加の可能性を検討したい。その一つの試みとして，K 市場と CA 市場で見られる BC システムを考慮したネットマージン率を算出した。つまり，バンダルが仕入れを行い，チュンテンが販売を行うと考え BC システムのネットマージン率を算出するのである。中央卸売市場内の BC システムと各商人のネットマージン率をこのように比較することの理論的根拠は乏しいが，繰り返しになるが商人の実態への接近を試みるた

14）　福井（1995a）によれば，マニラとバンコクの中央卸売市場の商人のネットマージン率は 7% から 11% 程度であり，本章の推計結果よりも低い。ただし，福井（1995a）は C_v に家族労働見積もり賃金を含めているが，本章では明示的に含めていないため，その差が生じている可能性も考慮する必要がある。

表5-8 ジャワ卸売市場の商人の固定費

野菜	市場	商人のタイプ	初期投資	現在の投資	施設・店舗購入代（上段：一人当たり平均額，下段：人数）	施設・店舗レンタル代（上段：一人平均月額，下段括弧内：人数）	トラックの購入費（上段：一人当たり平均額，下段括弧内：人数）	決済に必要な資金額
ジャガイモ	K	B	300.0	688.3	350.0 (2)	— (0)	— (0)	51
		C	2.8	108.9	150.0 (3)	3.9 (6)	— (0)	0
	CA	B	6.6	90.0	80.0 (2)	2.1 (2)	100 (1)	53
		C	2.0	27.4	25.5 (2)	0.6 (2)	— (0)	7
	G		5.2	54.3	55.5 (6)	1.0 (2)	68.5 (2)	7.8
エシャロット	K	B	750.0	350.0	375.0 (2)	— (0)	— (0)	5
		C	0.0	6.7	50.0 (3)	1.9 (3)	— (0)	0
	CA	B	20.5	325.0	57.5 (2)	— (0)	— (0)	19
		C	4.1	15.7	18.1 (4)	1.1 (4)	— (0)	0
	G		6.1	108.9	43.0 (10)	0.8 (3)	290.0 (2)	5.9
キャベツ	K	B	0.0	0.0	— (1)	— (0)	— (0)	0
		C	1.1	5.7	50.0 (3)	1.4 (7)	— (0)	0
	CA	B	1.0	123.3	100.0 (1)	1.2 (1)	91 (2)	27
		C	8.1	6.6	26.0 (3)	1.8 (4)	— (0)	1
	G		5.0	61.2	31.7 (3)	0.3 (2)	43.0 (2)	7.2

（注）金額の単位は全て百万ルピア（1円＝117.6 インドネシアルピア）。商人のタイプBはバンダル，Cはチュンテンを表す。決済必要資金は一日の購買費用×（売手への支払い期日−買手への支払い期日）で算定し，マイナスになった場合を0として算出した。トラックの購入費はトラックを購入してない商人を除外して算出した。なお，トラックのメンテナンス費用はその購入費と比べて小さいことと，紙幅の制約から省略した。
（出所）現地調査より筆者作成。

めに算出し，結果を表5-7 に示した。結果的に K 市場で34.2%，CA 市場で29.4％のネットマージン率となり，ジャワ東部の G 市場単体よりも，同程度かそれより高い水準にある。既に触れたように BC システムは消費地の価格形成の根幹であるものの，そこで課されるマークアップがジャワ東部に比べ高い点は市場統合を妨げる要因にもなっていることが示唆される。

3.3　中央卸売市場の決済機能と参入障壁

　初期投資・輸送に必要な車両代・店舗の貸借料などの運転費用から卸売商の参入条件を概観することで，商人の決済機能の実態を検討する。また，前節で示したように中央卸売市場の商人は相対的にマークアップを大きく取るが，その要因を中央卸売市場への参入条件から考察する。

　表5-8 から K 市場と CA 市場の両方でバンダルの初期投資がかなり大きいことがわかる[15]。つまり，バンダルとして営業するための参入コストは高く，一方でチュンテンの参入コストは低いことが窺える。初期投資が主に公設市場内の店舗購入代とトラックの購入費，そして決済資金によるものと考え，それらへの投資額を商人間で比較した。K 市場と CA 市場のバンダルに関して，施設・店舗代が最も大きいことが分かる。しかし，データ上の制約ではあるが，施設・店舗代が高くとも，それを分割して支払うケースが散見されたため，実際の初期投資はこれより低い額になっている。そこで，分割払いするケースでの負担額が店舗をレンタルする場合の費用と同一と仮定してみると，その費用はそれほど大きくないことが推察される。また，両市場ではトラックを所有している商人がそもそもほとんど存在していないため，輸送に関連する費用の負担も小さいと言える。結局，最も大きな負担は決済に必要な資金である（K 市場のエシャロットを扱うバンダルを除く）。決済に必要な資金は初期投資としてだけでなく，現在の投資としても必要な資金であるが，バンダルの現在の投資が初期投資を上回っている点を鑑みても，その影響の大きさが窺える。つまり，決済に必要な運転資金の確保がバンダルとして中央卸売市場に参入する障壁になっていると言える。この点は同時に，取引を履行する際の費用が大きいこと

---

15)　CA 市場のキャベツは当てはまらないが，CA 市場のキャベツはジャガイモ・エシャロットと違い，近隣の生産地との取引が多いため K 市場とは状況が異なる。

を示唆している。たとえばK市場内でしばしば見られるチュンテンの支払い拒否と逃亡はバンダルの決済資金を圧迫するのである。

　他方で，ジャワ東部G市場における取引を履行する費用は相対的に小さいと考えられる。というのも決済資金はチュンテンよりは当然必要になるが，バンダルほどには必要ではないことが表5-8より分かるからである。そして，最も大きな投資はトラックの購入費である。トラックを購入する商人の数がジャワ西部の2市場に比べても多い点からも，ジャワ東部の商人の基本的機能が輸送機能を担うことにあると言えるであろう。また，決済費用の高さがジャワ西部の市場統合に求められる裁定取引を妨げる要因の一つと考えられる。

4. 卸売市場流通の展望

4.1　パサールは中央卸売市場になったのか？

　本章では近年のジャワ島における中央卸売市場の機能を検討した。第三者による契約の履行強制が期待できないパサールの取引は，その場で取引を完結できるスポット契約によるものか，もしくは継続的な取引により形成された関係性の中で行われる。仮に継続的な取引関係の中でしか取引が行われていないのであれば，3章で見られたような伝統的流通を単発的に利用する農家，商人にとって利用しにくいものとなるだろう。しかし実際には，中央卸売市場が早くから整備されたジャワ西部では，主にスポット契約に近いと考えられる現金払い取引が行われていた。その一方で，中央卸売市場の整備が遅れているジャワ東部では，主に継続的な取引関係による取引が行われていた。少なくともジャワ西部の中央卸売市場流通は，新規に参入する産地の商人にも開かれた市場と言えるだろう。また，中央卸売市場内におけるバンダル・チュンテンという卸売業者と仲買人の分業による価格形成は，相対取引で生じえる価格の偏在を解消可能にする。価格情報が市場レベルで集約されることで，産地の商人は個別に中央卸売市場の商人に問い合わせる費用が少なくなるだろう。このように，中央卸売市場における現金払い取引と価格形成は，（3章で明らかにした）産地で近代的流通向けに取引している農家と商人にとって利用しやすいもので，伝

統的流通自体の変化を支えていると言える。

　ジャワの中でも地域差が存在するものの，福井（1995a）で報告されたタイとフィリピンの大規模な卸売市場の姿よりも，現状のジャワの中央卸売市場はより中央卸売市場らしく進展していると考えられる。タイの方がフィリピンよりも卸売市場として進展しているとされるが，両国ともに継続的な取引関係による卸売取引が主体であり，財政的支援などの取引先への融通を行っていると言われる。特にフィリピンでは，スキと呼ばれる互酬的義務感に伴う継続的な顧客関係が見られ，取引先も血縁者や地縁者が多い。この点はジャワでも一部で観察される（【補論】を参照）。しかし，両国のように継続的な取引関係を一から作るための費用が市場への参入障壁になっているかといえばそうではない。他方で，卸売業者と仲買人の分業はジャワでだけ見られる特徴的な市場制度であり，市場制度の整備がほとんどなされない途上国における卸売市場の発展形態として捉えることができるだろう[16]。

　その一方で，このパサールを土台とした中央卸売市場流通が日本やアメリカのような近代化した水準にあるわけではない。その一例として取引形態の種類が少ない点が挙げられる。エヴィリスナら（1998）が指摘したような委託取引や予約取引は本章のデータではほとんど確認されていない。このような取引を実現させるための仕組みの一つとして，市場内の組合組織を通じて契約違反者の情報を公表して以後の取引をできなくする方法が考えられる。しかし，市場内に組合組織は存在するもののその主要な機能は資金貸与と預金貯蓄であり，取引の履行強制システムとしては機能していないのである。また，インフォーマルな市場制度に支えられた中央卸売市場における流通費用は高くなり，結果として4章で明らかにしたように市場統合が達成されていない点も課題の一つだろう。

16）　ただし，ジャワの中央卸売市場がすべての面で優れているわけではない。たとえばジャワではほとんど見られない銀行決済をタイで福井（1995a）は観察している。また，2000年代からの携帯電話の普及，情報通信環境の整備により，タイ・フィリピンで課題とされた市況情報や産地情報の公開性が向上している可能性もあるが，確認ができていない。そのため，あくまで継続的な取引の有無と，市場内の分業の2点では当時のタイ・フィリピンの状況よりも進展していると推察するに留めたい。

4.2 中央卸売市場の意義

　スーパーマーケットによる流通効率化の動きが激しいアメリカでは日本以上に卸売市場経由率が低下しその存在意義を問う声が上がるが，インドネシアでもそのような傾向（もしくは兆候）が見られるのだろうか。流通革命の影響が小さく，伝統的流通を基盤としたインドネシアであっても，流通の近代化を捉える上で重要な視座である。そこで，中央卸売市場のK市場の搬入量が減少している点に触れ，中央卸売市場の存在意義を検討したい。前掲図3-2に示した通り野菜の価格が一貫して増加している一方で，市場への搬入量は2008年から2011年まで減少傾向にあり，その後2016年からまた減少しているのである（図5-2）。では産地の生産量が減少しているのだろうか。K市場の野菜の主要産地である西ジャワ州の生産量のデータを見ると，2007年以降は若干の変動があるもののほぼ一定である（図5-3）。また，K市場にはジャワ全域から野菜が流入することを踏まえ，ジャワ全体の野菜生産を見ると一貫して増加傾向にあることが分かる。そのため，近代的流通への流通量が無視できるほど小さい現状を踏まえると，野菜の増加分は他市場に流れていると言える。それはCA市場を始めとした隣県にある中央卸売市場に流出する場合か，もしくはK市場を経由せずにジャカルタ首都特別州内の小売市場に直接流れる場合の二つの可能性がある。産地での聞き取り調査（1章）ではK市場より新しくできたバンテン州のタナティンギ（Tanah Tinggi）中央卸売市場や，ジャカルタ首都特別州内のスニン市場などに直接売るケースのどちらも観察された。3.2で示したBCシステムによる消費地卸売市場のマークアップ率の高さゆえに，産地の伝統的な商人が回避していることが推察される[17]。そして後者がより生じているのであれば卸売流通の中抜きが生じており，K市場の中央卸売市場としての影響力は低下する可能性がある。しかし，4章で確認したように中央卸売市場の価格が産地に伝播し続け，産地商人の意思決定に影響を与える限りは価格形成・発見機能を維持していると言えるだろう。流通短縮化を突き詰めたアメリ

---

17) 小売業者に関するデータも用いることができれば良かったが，残念ながらジャワ西部における小売業者の仕入れ価格に関するデータなどが不十分であった。そのため，卸売業者と小売業者間の輸送費用が無視できるほど小さく，また小売業者が過大なマージンを取っていないと仮定した上での考察になっている点に注意されたい。

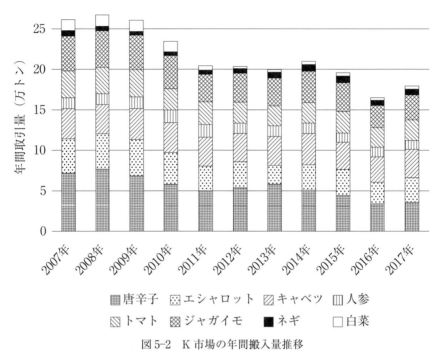

図 5-2　K 市場の年間搬入量推移

(注) キャベツ，ニンジン，ハクサイ，エシャロット，ジャガイモ，トウガラシ，ネギ，トマトの 8 種の野菜で
算出。
(出所) K 市場管理部の内部資料より筆者作成。

カの青果物流通においても，中央卸売市場の価格発見機能が認められたのと同
様である（小林, 1995: 166-168）。また，中央卸売市場における取引額は，2007
年以降ほとんど変化しておらず（図 5-4），市場経営の観点からも中央卸売市場
に衰退の兆しは見えない。

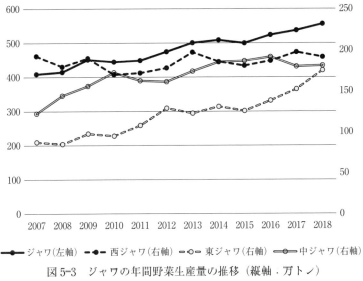

図 5-3　ジャワの年間野菜生産量の推移（縦軸・万トン）

（注）キャベツ，ニンジン，ハクサイ，エシャロット，ジャガイモ，トウガラシ，ネギ，トマトの 8
　　　種の野菜で算出。「ジャワ」にはバンテン州，ジャカルタ首都特別州，ジョグジャカルタ特別
　　　州を含めた。
（出所）BPS Statics（https://www.bps.go.id/site/pilihdata，2020 年 6 月 6 日アクセス）より筆者作成。

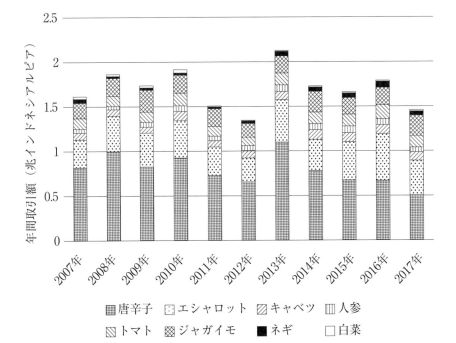

図 5-4　K 市場の年間取引額推移

（注）キャベツ，ニンジン，ハクサイ，エシャロット，ジャガイモ，トウガラシ，ネギ，トマトの 8 種の野菜で
　　　算出。なお，2012 年度で 1 円 = 117.6 インドネシアルピアである。
（出所）K 市場管理部の内部資料より筆者作成。

【補論】産地への市場制度の伝播

　ジャワ西部の産地においても，バンダルに類似した公設市場の商人を観察することができる。以下では1章で取り上げた西ジャワ州チアンジュール県の調査集落の一つであるバロス郡の商人U氏と，その近隣の公設市場であるチパナス市場で営業するM氏について，取引を開始した経緯から検討する（図5-5に取引の模式図を示した）。

　まず，U氏は農家と取引する地域商人であり，ハクサイ・ニンジン・キャベツ・ブロッコリー・ネギなどを1日平均3トン，多い時には5トン程度の売買を行ない，近隣のチパナス公設市場に向けて出荷している。取引相手はM氏である場合と，K市場から来た商人である場合がある。また，SSにも年に数回販売することがある。

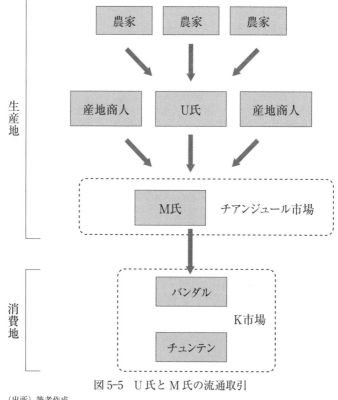

図5-5　U氏とM氏の流通取引

（出所）筆者作成。

U 氏が商人として営業する 1999 年以前は K 市場でバンダルに雇われ，小売商人として 11 年間働いていた[18]。そのバンダルは K 市場内に 3 つの店舗を所有しており，規模の大きな卸売商人であった。そして現在でも取引先として関係は継続している。M 氏も K 市場でチュンテンとして働いていた経験を持ち，U 氏と M 氏は相互に面識はあったようである。その後，M 氏は U 氏より 2 年早く 1997 年からチパナス市場での営業を始めている。現在 M 氏は，K 市場以外にもクバヨラン（Kebayoran）市場，スニン市場の商人と取引をしている。

　U 氏と M 氏の実際の取引の流れを説明する。まず U 氏は M 氏と連絡を取ることで出荷計画を立てる。そして，チパナス市場の M 氏の売り場に収穫した野菜を出荷しているのである。また，U 氏はかつて自身を雇っていた K 市場のバンダルとも連絡を取っており，合意が得られれば，チパナス市場を経由せずに直接 K 市場へ搬送することもある。そして M 氏は輸送サービスを行っておらず，消費地の市場との取引を成立させることで手数料を得ている。具体的には，グロスマージンはキロ当たり約 100 ルピア（約 0.9 円）と他商人より少なく，取引量が 1 日約 10 トンと非常に多い。従って，K 市場のバンダルと同様の経営形態である[19]。つまり，産地と消費地の公設市場間の取引は両市場の「バンダル」により行われ，市場間取引が成立しているのである[20]。

　M 氏と U 氏は産地で経営規模の大きな商人になる方が儲かると考え K 市場から移っていた。ただ同時に，両者は地縁のある産地を選択して戻ってきたのである。このような産地と消費地での伝統的な商人の労働移動が生じていることで，ジャワ西部での産地と消費地の公設市場間の市場制度が形成されている可能性を指摘しておく[21]。

---

18)　バンダルは卸売業者としての機能を担っているだけでなく，中には小売商人を雇い，いわば小売までの垂直的統合を為す者もいる。

19)　チパナス市場では M 氏と同様の商人が他に 2 名確認できたが，ジャワ東部の M 市場の商人サンプルからは確認できなかった。繰り返しになるが，バンダルの経営形態の特徴は決済機能の提供に特化して大量の野菜取引を執行する点にある。

20)　K 市場のバンダルの取引量が日量 10 トンを超えているのと比べて，M 氏の取引量は少ないため，市場間での交渉における力関係に不均衡が生じている可能性は否定できない。しかしながら，その業態がバンダルと類似している点は確かである。

21)　BC システムの起源とその産地への伝播に関してはさらに検討が必要であることから今後の検討課題とする。

コラム

調査対象市場の一覧

バンドゥン市のCA市場。K市場と違い、肉類や水産物なども取り扱う市場だが、店舗設備はそれほど整備されていない（2011年10月28日筆者撮影）。

マラン県のバトゥ市場。STAと違い、古くからある出荷市場。24時間営業ではなく、夕方ごろに訪問するとほとんどの店舗が閉じていた（2011年11月3日筆者撮影）。

マラン県のカランプロソ（Karangploso）市場①。バトゥ市場の近くにある出荷市場だが，集荷商人が農産物をトラックで運びこみ，その荷台を店舗代わりに使っている。中には農家が自ら販売するケースも見られる（2011年12月7日筆者撮影）。

カランプロソ市場②。トラックの荷台を店舗にしている様子（2011年12月7日筆者撮影）。

G市場①。マラン県の卸売市場である。その様子はCA市場に近く，水産物や肉類の販売も行われている（2017年8月29日筆者撮影）。

G市場② 段ボール詰めされた中国から輸入したリンゴを運び込む様子（2017年8月29日筆者撮影）。

KE 市場の一角。卸売と小売が混在する一般的な市場。卸売市場とは異なり，山積みされた野菜を小分けして販売している。この商人は小売業者と一般消費者の両方に販売していた（2011 年 11 月 23 日筆者撮影）。

ジャカルタ首都特別州のマジェスティック（Mayestik）市場の小売販売スペース。ジャカルタ有数の小売市場であり，K 市場から仕入れる業者も多い。また，KE 市場と比べても店舗設備が整っており，より多くの種類の野菜を小分けにして販売している（2012 年 5 月 14 日筆者撮影）。

4分間の取引——K市場のチュンテンの取引

　K市場で観察されるチュンテンの（他市場の小売商，卸売商への）販売取引は「瞬時」に行われており，価格交渉と呼べるほどのやりとりはあまり見られない。写真は一連の取引の様子であり，小売商人が現れてから立ち去るまで時間は4分だった（下記写真は全て2011年12月31日撮影）。

　左女性が他市場からジャガイモを購入するために訪れた小売商人，背後の2名が付き添いのポーター（荷物運び），右女性がチュンテン。小売商人は価格と品質には納得しているが，写真左下の袋詰めされたジャガイモでは量が多かったため，袋から少し減らしたうえで購入していた。

　現金決済の様子。

念のため計量されているが，それほど正確なものではない。

購入したジャガイモをポーターに運ばせ，次の買い付けへ。

第 6 章

結論

1. 問いへの回答

　本書では，パサールと商人を軸としたジャワの伝統的流通自体の発展過程を検証してきた。途上国全般で生じている流通革命により，スーパーマーケットが求める規格・品質の商品を提供できるように伝統的流通が変わらなければならないとする論調を批判的に検討する狙いがあった。本書を通じて，流通革命はジャワの野菜流通の近代化像を提供するものではなく，ジャワの流通の本質が伝統的流通にある点を明らかにした。その意味で，陳腐化したシステムかのように評価される伝統的流通の意義を再認識したと言える。以下では，これまで得られた知見を総括するとともに，序章で述べた問いへの回答を提示する。

　流通革命による大きな市場変革の潮流の中で，なぜ伝統的流通は近代的流通に取って代わられないのか，が起点となる問いである。この問いに答えるため，伝統的流通と近代的流通が同時に観察される産地において，地場商人による生産者からの集荷過程に焦点を当てた。また，伝統的流通の近代化が進められている地域の事例（1章と2章）と，既存研究における有名な契約栽培の事例（3章）の両面から，複眼的視点で検討を重ねた。具体的には，なぜ産地においてスーパーマーケットの購買方法である契約栽培が浸透しないのかという点について検討した。そして契約栽培に小規模経営農家が参加することの難しさが確認された。その要因は複数あり，生産・販売組織としての小規模経営農家のマネジメントの難しさ，伝統的流通が魅力的な販売先として存在する点，個別農家が直面する資金制約が挙げられる。

　まず3章で明らかにしたように，契約栽培が実際に行われていた地域において，スーパーマーケット側は農家の生産技術や販売加工技術を向上させるための教育的な投資への意欲は高かった。カルフールがインドネシアに本格的に参入するために地盤形成を目的として投資したビマンドリがその筆頭例である。しかし，一時的に契約栽培は成り立ったものの，その継続性は低かった。なぜなら契約栽培により生産技術を高めて販売ノウハウを身に着けた農家や組合が伝統的流通へ野菜を販売してしまったからである。つまり，農家の技術面における成長後も継続的に契約栽培が行われるような取引の関係性の維持は難しく，アリティファックに見られるような組織的対応が必要である。

　逆に，スーパーマーケット側（より直接的にはSS）の投資意欲が低い場合，SSは農家や組合との生産契約は結ばず，伝統的流通の商人を介した販売契約

を結ぶ。そして伝統的流通の商人が（SSが担っている）野菜の選別，パッケージングなどの加工を行う。その集荷にはトゥバサンと呼ばれる収穫請負契約が用いられ，主に資金制約に直面している小規模経営農家の市場参加を手助けしているのである。つまり，伝統的流通の集荷取引が，この近代的流通の一端を担っているのである。一般的には販売契約によるケースが支配的であり，近代的流通への供給が確保されると推察された。しかし，このような近代的流通への移行から小規模経営農家の所得が向上するかは不透明であり，むしろ野菜の選別・加工という付加価値を加えている商人に利する変化と考える方が自然だろう。

　契約栽培への小規模経営農家の参加は，流通近代化へ向けた望ましい変化とする見方があるが，少なくとも本書では支持することはできない。そして，本書が考える契約栽培を導入する意義は，むしろ伝統的流通自体の発展を促す点にあると考える。第3章で見られたような生産・販売技術が向上した農家が伝統的流通に進出するような変化に着目すれば，スーパーマーケットの契約生産には小規模経営農家への教育効果を期待できるからである。そもそも契約栽培が野菜生産と相性が悪い点や，農業生産技術の水準が高いジャワにおいても一時的および局所的に観察されない点から，その継続性には疑問が付くのは当然であるが，契約栽培自体の意義を伝統的流通の文脈で再認識することの重要性を本書は明らかにしたと言える。

　では，本書の1章と2章で述べた一般的な伝統的流通の現状をどのように捉えるべきだろうか。産地流通から推察されることは，伝統的流通の農家と商人にとって，近代的流通と同等あるいはより魅力的な選択肢として伝統的流通が存在している点である。そして，近代的流通の取引価格が伝統的流通の市場価格と連動している点は，卸売市場の機能である価格発見機能を示唆するものである。また近代的流通と伝統的流通のどちらとも取引を行う農家・商人は，品質の劣る野菜の出荷先として，スポット契約による伝統的流通への販売を求めている。つまり，伝統的流通自体が卸売市場流通へと発展している兆候を示していると言える。

　パサールでの売買を基盤とした伝統的流通は，日本や欧米で見られるような卸売市場流通へと発展したのだろうか。結論から言えば，十分とは言えないものの，この30年ほどで卸売市場流通として相当程度機能するようになったのである。

まず，産地で需要が増しているスポット契約による卸売市場流通の成否を4章で検証した。その結果，スポット契約による裁定取引行動が十分に機能して産地と中央卸売市場間で価格が同じように変動しているという意味での，市場統合を示す十分な証拠を得ることは出来なかった。取引に関する制度整備が進まず，第三者による取引の履行強制がない状況下では，継続的な取引を行うことで卸売商人が取引の履行可能性を上げている点は今も昔も変わらない。つまり，産地が求めるようなスポット契約による卸売市場流通には未だ到達していないと言える。

　しかし，継続的な取引関係なしに卸売市場流通に参加できる仕組みがないわけではなく，むしろ，その要望に対応した卸売市場としての機能を備えていると考えられる。例えば，ジャカルタの中央卸売市場（本文K市場）の商人は，FacebookやWhatsAppなどのSNSを活用し，産地からの荷受を行うようになっている。無論，遠隔地間の取引なので代金の未払いなどの契約不履行も生じることはあるが，概ね問題とはなっていない。また，ジャワ西部の中央卸売市場であるK市場やCA市場で確認された市場内における卸売業者と仲買人の分業が，野菜の等級や産地ブランドなどを考慮した競争的な値付けを可能にしている。そしてK市場の価格が産地市場に伝播しており，卸売市場の価格形成・発見機能が成立しているのである。またこの分業により，卸売市場における決済機能を卸売業者が個別に担っていた。業者の営業形態別の認可などの卸売市場の制度整備が進んでいない一方で，このようにインフォーマルな市場制度に支えられ，パサールから卸売市場へと発展したと言えるだろう。

　ただし，卸売市場流通としての課題はまだ残されている。たとえば中央卸売市場の卸売業者と仲買人を合わせたマージンはやはり大きい。輸送インフラがある程度整備されているジャワ西部では，産地の商人が直接小売市場に出荷する誘因にもなるため，中央卸売市場の中抜きが生じている可能性も否定できない。インフォーマルな制度による商人の分業に依存するが故の問題であろう。

　この問題点への対処として，先進国で見られるような卸売市場制度の導入には慎重になるべきである。中抜きにより卸売市場経由率が低下したとしても，価格形成・発見機能を通じて伝統的流通における卸売市場の意義は存在する。考えなしの制度導入は今の卸売市場流通の仕組みを壊す恐れがあるのである。しかし，卸売市場制度の中でも商人の認可制の導入は今後の重要な検討課題である点を指摘しておきたい。ジャワの産地動向も踏まえると，その導入のメリッ

トの大きさが示唆される。たとえば，行政から正式な営業許可を得ているか否かでスーパーマーケットはサプライヤーを選別している（3章のアリティファックの事例）。仮に商人の認可・登録制が普及すれば，スーパーマーケットが（産地および消費地の）卸売市場から野菜を仕入れる可能性も出てくる。特に中央卸売市場内では，スーパーマーケット向けの取引に特化したバンダル（広義にはSSに含まれる）と，そうでないバンダルとの分離が生じると思われる。そうであれば，産地で見られたような近代的流通から伝統的流通への流通技術のフィードバックが生じ，伝統的流通の拠点である卸売市場自体の発展が促進される可能性も高まるだろう。また，卸売市場制度を整備し，商人の認可制を進め，市場インフラへの多額の公共投資を行うことで近代化を進めた中国が1つの参照点となるだろう。このような検討を進めることで，先進国で見られるような伝統的流通と近代的流通とのより進歩的な共存体制が見えてくるのではないだろうか。

　本書で取り上げたジャワの伝統的流通から得られる示唆は次のようにまとめることができる。東南アジアで一般的に見られるように市場制度が不完全であり，また国策介入がほとんど無い野菜の伝統的流通はあるがままに市場として発展してきたと言える。これは1923年の中央卸売市場法公布以降，国策として卸売市場を管理し，その後自由化に向けて進んだ日本の青果物流通とは対照的な発展経路である。しかし，パサールを起点とした伝統的流通は近代的な卸売市場流通に向けて展開している。そして，流通革命という大きな市場構造への衝撃の中でも，それを産地の商人が取り込む形で発展しているのである。商人により自律的に支えられた市場システムである伝統的流通こそがジャワの野菜流通の根幹なのである。

2. 本書の限界と展望——COVID-19以降の農産物流通

　本書はジャワで行ったフィールドワークと調査票調査で得たデータに基づいているため，本書の議論はデータ特性に由来する制約を大きく受ける。たとえば，本書の結論をジャワの外島であるスマトラやカリマンタンに当てはめることはできない。また，得られたデータが一時点のものに限られてしまっているため，計量分析の一部において厳密な因果関係の検証が難しくなっている。一

度聞き取りを行った商人を一定期間後にまた探し出すことが難しいという流通調査の性質上，後者の制約は避けられない側面もあり，それを補完する意味でも本書はフィールドワークで得られた証言や観察を重視した。他方で，本書のこれらの限界点は今後の研究展望へと続くものでもある。たとえばスマトラ島ではシンガポールやマレーシアへの輸出が盛んであり，日本の加工食品企業が契約栽培を進めていた歴史的経緯もある。契約栽培の持続性に関して，3章で焦点を当てたSS由来の契約栽培とは異なる農産物流通の発展可能性を検討できるという意味で，日系企業が輸出目的で進出したスマトラを対象とすることも有意義だろう（野菜供給安定基金海外事情調査チーム（1993）など参照）。

　このような制約と近年のジャワの状況を踏まえ，以下ではジャワの農産物流通を展望したい。本書で取り上げた小売サイドで生じた流通革命の他にも，今後の経済発展に伴う消費者の所得向上および嗜好の変化，生産者サイドの生産管理技術の変化など，農産物流通の動態に影響する要因は多い。しかし，これらの変化は数十年といった時間軸で見て初めて分かる緩やかな変化である。その点で，伝統的流通を基軸として近代的流通と交差しつつ緩やかに変容しているジャワの農産物流通は，今現在も流通革命後の「定常状態」に達しておらず，過渡期にあると考える。他方で，農産物流通は気候変動・自然災害・金融市場などの本書で取り上げなかった外部事象にも影響を受け，それらは概して急激な変化を引き起こす。たとえば大規模な地震や津波の発生は生産能力の低下や物流網の分断を招き，農産物流通の停止もしくは市場価格が高騰することになる。こうした突発的な外部事象に対して頑強な農産物流通の在り方を探求することは，本書の発展的な課題に位置付けることができる。つまり，本書は長期的な発展経路を見定める点に関心を置いている一方で，突発的な外部ショックに対して農産物流通の短期的な挙動が安定しているかも同時に重要な課題である。その課題に対しては，様々な外部ショックを個別に検討していくアプローチが重要であり，既に多くの研究者が取り組んでいるところである。中でも，今後長期間に渡り注目すべきは世界的に影響を与える感染症であるCOVID-19による農産物流通の影響と変化であり，そのためには本書の視角になかった消費者の視点が重要である。本文では触れないが，農産物に限らず一般消費財にまで拡張して流通革命による消費者厚生への影響を実証した研究例としてAtkin et al.（2018）などがある。メキシコを対象にした非常に詳細な消費者データを用いた研究であり，流通革命の派生的影響を受けた内資小売店におけ

る商品価格の低下と，外資小売店からの新規かつ多様な製品の販売により全ての所得帯の消費者厚生が増加している点を明らかにしている。内資小売店を伝統的流通と解釈すれば，流通革命によるスピルオーバー効果（spillover effects）という点で本書と大きく関連する。インドネシアにおけるデータの整備状況は未だ十分ではないが，有望な研究の方向性として記しておきたい。

　全世界を席巻するCOVID-19の影響は罹患者の後遺症や死者の増加という直接的な人々への影響だけでなく，消費者への影響も危惧される状況にある。特に途上国全般で栄養不足に陥る人々が増加している。FAOによれば世界全体の栄養不足人口は1億1800万人増加し，うちアフリカで4,630万人，アジアで5,670万人増加したと推計されている[1]。また，栄養不足人口は17の持続可能な開発目標群（Sustainable Development Goals: SDGs）の1つである「飢餓の撲滅（zero hunger）」の成果指標の1つである。SDGsの評価指標には全ての国でデータが完備されていないという問題があるが，栄養不足人口は数少ない網羅性の高い指標であるとともに，2000年以降減少傾向にあったことから，これまでの開発政策が有効であったことを示す意味合いでも重要視されてきた。しかし，コロナ渦以降の栄養不足人口の増加はSDGsの達成期限である2030年まで尾を引くものと目されており，「飢餓の撲滅」が達成されない可能性が高まっている。このように栄養不足人口の増加は途上国の持続可能な開発という点において重大な事象であることは疑いなく，その増加要因に注目することは自然なことである。その大きな要因として，コロナ渦で職を失い十分な食料を購入できないことがまず挙げられる。数々の飢餓と飢饉を分析する中で，食料が足りないから飢餓が生じるのではなく，権原（entitlement）の喪失をその要因として示し，さらにケイパビリティ（capability）アプローチを提案した一連のアマルティア・センの研究が飢餓解消の指針を与えてきた（セン（1988, 2000）など）。具体的には，教育機会の拡充や社会福祉制度の充実など，包括

---

1)　次のFAOの資料参照。http://www.fao.org/sustainable-development-goals/indicators/211/en/（2021年9月7日アクセス）。インドネシアの個別データは執筆時点で発表されていないが，Suryahadi et al.（2020）によれば，COVID-19の経済に与える影響が中程度だった場合には貧困ラインを下回る人々（月の消費額が472,525インドネシアルピア（約3,600円）以下）が130万人増加すると予測しており，影響は小さくない。その後，2021年3月時点で前年度と比べて112万人の人々が増加し，全体で2,754万人が貧困ラインを下回っていることがBPS（インドネシア統計局）から報告されている（https://en.tempo.co/read/1483719/poverty-rate-grows-to-27-54-mn-in-march-2021-statistics-indonesia. 2021年10月1日アクセス）。

的かつ長期的な対応が飢餓の撲滅には欠かせないのである。他方で，本書が注目した流通の観点も重要である。たとえば，栄養不足人口を増加させたそのほかの要因として，生産への気候変動の影響，農業生産性の低さと並び，流通システムの「非効率性」がFAO, IFAD, UNICEF, WFP and WHO（2021）で指摘されている。伝統的流通を「非効率」な農産物流通システムと見做している趣があるが，問題があるという点に関して言えば本書で触れたように間違いではない。また，「飢餓の撲滅」のための小目標の1つには，「極端な食料価格の変動に歯止めをかけるため，食料市場および関連するデリバティブ市場の適正な機能を確保し，また食料備蓄などを含む市場情報への適時のアクセスを容易にする手段を講じる（ターゲット2.c）」とある。本書の4章で明らかにしたような卸売市場が空間的に統合されていない点とリンクする小目標であり，農産物流通の安定性が世界的に求められていると言える。このように，COVID-19の蔓延による消費者への影響を捉えるうえで農産物流通の視点は欠かせないものであり，本書の延長線上に位置する重要なトピックである。以下では，ジャワの農産物流通の今後に関わる重要なトピックを具体的に提示したい。

　まず，消費者の栄養摂取に関する問題はコロナ禍以前からインドネシアでは大きな問題として認識されており，農家の市場参加という流通の観点が大きく関係している。インドネシアでは高血圧の罹患者の増加が社会問題となっており，塩分含有量の高いスナック菓子や加工食品を近代的流通から購入するケースが多いことが問題視されていたのである。そして，農村部において顕在化しているのが消費者の栄養摂取バランスの偏りであり，以前は見られなかった肥満に悩む子供が多くなっている。シンプルにこの問題を捉えると，炭水化物や塩分などに栄養摂取を偏らすのではなく，野菜や肉類などへと消費品目数を増やすことが必要である。その実行策として，近年の研究では自給的な農業ではなく商業的な農業を行い，増加した所得を元手に市場で必要な食料品を購入する方が栄養問題を解消できる可能性が指摘される（Sibhatu and Qaim, 2018; Sibhatu et al., 2015）。ジャワの農家を見る限り，特定の野菜の栽培に特化し，市場に販売することが望ましいと解釈してもいいだろう。しかし，伝統的流通への販売を基軸とするならば市場変動の影響を大きく受けて所得を減らし，十分な食料品を入手できなくなる可能性がある。さらに，収益性を軸に特定の野菜生産に特化していた場合は，自給用に使途を変更しても栄養の多様化への効果はあまり期待できない。このように農村内の栄養問題において，農家と商人が

市場に適応して市場参加を進めた弊害が存在し得るのである。

　他方で，COVID-19は人口稠密な都市を起点に広がったため，途上国の農村地帯は比較的影響を受けにくいと思われたが，実際には農家の所得にもダメージを与えており（Egger et al., 2021; Purnamasari and Ali, 2020），都市と農村を結ぶ農産物流通の影響が垣間見える。たとえば，ベトナムのハノイから100キロ程度西側に位置する農家300戸を調査した国際家畜研究所（International Livelihood Research Institution: ILRI）の報告が参考になる（ILRI, 2020）。厳格な感染拡大防止策の裏で，約50%の家計が市場価格の変動の影響を受けていた。その他の失業要因などもあり，約70%の家計の所得が減少し，うち半数は所得が半減していた。そして，長引くCOVID-19の蔓延を危惧し，食料摂取量を減らして貯蓄に走る家計は40%近くに上っていたのである。

　このようにコロナ禍での所得減少が農村部で生じているのであれば，本書で議論した契約栽培は一時的にその影響を緩和できるかもしれない。伝統的流通に参加する一般的な農家は生産した野菜のほぼすべてを市場で販売するため，市場価格の変動があれば家計に大きなショックを与えるだろう。このショックは空間的な市場統合が認められないジャワにおいては，まさに農家にとって予測しえないショックとなり得る。また，野菜の商品特性によるものであるが，買い物機会が減少した消費者は日持ちしない野菜の消費を取りやめ，代わりに加工食品を消費するようになる。そのため野菜への需要が低下し，価格が低下する場合があり得るのである。卸売市場価格に関する直近のデータを手にすることはできないが，報道では野菜価格の低下や，先の見えない価格変動で商人の経営が圧迫されているなどの報道が見られる[2]。一方で，契約栽培をしている農家であれば，前もって決定された価格で取引できる点で卸売市場価格の変動の影響を受けにくいだろう。エチオピアの事例ではあるが，伝統的流通よりもスーパーマーケットや大規模な加工工場を中心とした近代的流通の方がCOVID-19によるダメージが小さく，頑強であった点が報告されている（Van

---

2)　カランプロソ市場に関する報道（https://rri.co.id/surabaya/ekonomi/918102/keluh-kesah-pedagang-sayur-karangploso-malang-di-tengah-covid-19. 2021年10月1日アクセス）。なお公設市場特有の問題もあり，市場内で行われる作業はどれも対面接触の多い環境にある。そのためK市場では感染対策をしていても，感染者が次々に発生している（https://www.kompas.tv/article/88223/pasar-induk-kramat-jati-tetap-buka-meski-49-pedagang-positif-covid-19. 2021年10月1日アクセス）。

Hoyweghen et al., 2021)。ただし，本書の調査地においては契約栽培の取引価格が卸売市場価格の動向に応じて変動することを明らかにしたが，そうだとしても，卸売市場価格の変動の影響を受けるには時間差があり，伝統的流通のみに依存する農家よりは備える余裕はあるだろう。無論，契約栽培以外にも農村内で何かしらのセーフティーネットが機能する可能性もある。本書の趣旨からすれば農村内での共同体的な助け合いだけでなく，商人による直接的な補助が期待されるところである。たとえば，エチオピアではトマトの生産者価格が64％上昇する一方で，小売価格は19％しか上昇しておらず，商人がマージンを削りながら流通を継続させていた実態が報告されている（Hirvonen et al., 2021）。このような危機下における伝統的流通の対処の実態把握は今後の研究課題となろう。

　最後に，人との対面接触が制限される中で農家サイドにまで浸透してきたE-commerce に触れておきたい。本書の議論と関連させれば，契約栽培の次の段階に相当する流通技術であり，伝統的流通を基盤とするジャワで浸透しえるかを考えると言ってもいいだろう。まず，Reardon et al.（2020）でも触れられているジャワで新たに見られた E-commerce の事例を紹介する。西ジャワ州の農家 2500 戸が，アリババ（Alibaba）のグループ企業であるラザダ（Lazada）が運営する東南アジア最大のオンラインプラットフォームに参加したのである。2500 戸の農家は 6 県 53 村に所在し，ボゴール農科大学発信の若手農家育成プロジェクト（Destra Agro）が運営する野菜農業グループ（Rumah Sayur Group）に加入していた[3]。コロナ渦以前は主にジャカルタ近郊のスーパーマーケットへと 1 日当たり 10-12 トンの野菜を出荷していたが，コロナ渦でスーパーマーケットの需要が低下したことで日量 3-4 トン程度の出荷規模まで落ち込み，所属する農家の収入は大きく減少した。ところが，オンラインプラットフォーム参加後には元の水準にまで回復したのである。本書の議論の延長線上に位置する話題であり，伝統的流通から近代的流通へ，そしてオンラインプラットフォームを利用してさらに農家は消費者との距離を狭め（価格設定にも参加でき），市場に積極的に参加する姿を想像できるかもしれない。しかし，E-com-

3）　次を参照。https：//swa.co.id/swa/trends/lazada-gandeng-rumah-sayur-sediakan-sayur-mayur-segar; https://www.ipb.ac.id/news/index/2020/02/ipb-university-dan-astra-resmikan-program-desa-sejahtera-astra-dan-pembinaan-petani-muda/7cd6e854ef8b9921a13f84737841faac.（2021 年9 月 29 日アクセス）

merce 企業との連携が広がったとしても，やはり伝統的流通は重要である。まず，上記の事例ではコロナ渦になり初めてオンラインプラットフォームに農家が参入した印象を受けたかもしれないが，コロナ渦以前から一部の農家は参入しており，そして撤退を繰り返していたのである。上記の事例は一見してE-commerce の成功事例に見えるが，消費者のオンライン上での買い物需要がコロナ渦で増加し，それに対応すべくラザダ側から野菜農業グループに働きかけたために成功したものと推察される。そのため，今後外出禁止令などが解除され対面での購買が可能になれば，オンラインプラットフォームでの購買需要が減少し，農家のE-commerce からの撤退が生じる可能性を否定できない。もとより全ての販売チャネルがオンラインに移行することは起こり難く，実店舗とオンラインの組み合わせが消費者心理の面から望まれる点もその一因である（たとえば，劉（2019: 17-44; 152-171）を参照されたい）。本書で検証したように，伝統的流通から契約栽培を基軸とした近代的流通への移行が一時的なものに終わった点からも，あくまで冷静にE-commerce の進展を見守るべきであろう。すなわち，農家にとって伝統的流通・近代的流通・E-commerce の３つに販売先の選択肢が増える可能性を見せた事例と認識し，今後注視していくべきだろう。

パサールの様々な商人と市場移転

　インドネシアで出会った商人には，店舗の奥で携帯電話片手に話しているだけの者もいれば，農村近隣の圃場をバイクで奔走している者，そして収穫期のみ商人になる者もいる。そのような様々な商人をありのままに観察して描写するよりも，ある種の切り口で分類する作業は流通研究における基本的なアプローチである。そのため，商人を如何に分類するかは，現地調査の最初から最後に至るまで常に付きまとう問題であった。たとえば，本章で述べたバンダルとチュンテンに関してもどのような特徴を持つ主体なのかを判別するまで多くの時間を要した。

　調査実務上の問題に目を向けると，調査対象となる商人を特定することが最も難しい。2章から3章まで商人に関するデータを用いているが，そのデータを収集するためにはまず「商人（として認識されている人々の）リスト」の作成が必要であった。そのために，農家家計調査データから取引先の商人を抜き出し，近隣公設市場に登録されている商人のリストを入手し，集落内の代表的な商人と首長から聞き取った商人の一覧を統合し，なるべく漏れのないリストを作成するのである。しかし，このような「商人リスト」を作成するだけで時間が掛かるだけでなく，商人の名前・住所・その業態の呼び名（仲買人・集荷人・卸売業者など）だけでは調査に使えないのである。たとえば，調査村内においても同じ名前の商人が複数いる場合やあだ名で認識されている場合は特定することができない。また，1人の商人が複数の業態の呼び名で認識されていることもある。調査員を雇用して調査をするにしても，この商人を特定する作業の困難さから，1人の調査員が1日で聞き取りできる商人はせいぜい2人である。

　さらに，バンダルから見た産地の商人の呼び名と，産地内における商人の呼称も対応していない点には注意が必要である。本書の構成と調査の手順は実際には逆であり，最初に都市部の卸売市場内の商人を調べ，産地まで遡った際にどの商人がK市場へ出荷しているか特定する作業が必要だった。K市場に出荷する産地の商人のことを，K市場のバンダルはトゥ

ンクラッ（Tengkluk）と呼ぶが，産地ではバンダルと呼ばれていたりする。産地でバンダルと呼ばれる場合は公設市場で店舗を所有する比較的規模の大きな集荷商人である場合が多いが，K市場内で見られるような区別はないと思われる。ただ１つ面白いのが，現地に伝わるバンダルの見分け方である。あくまでも西ジャワでの話だが，産地の市場などで黒い革ジャンを着ている男性を見かけたらバンダルだと思えという逸話がある。もちろん，本書の意味でのバンダルかどうかは判然とはしないが，ある意味バンダルの市場内での高い地位，つまり集団におけるボスのような立ち位置を示唆する逸話であろう。

　そもそもバンダル（bandar）はインドネシア語で港や博打の胴元などを意味し，チュンテン（centeng）はジャワ語由来のジャカルタ弁であり，用心棒や警備員を意味している。インフォーマルな主体らしさ（むしろアンダーグラウンドと言った方がいいかもしれない）を感じさせる呼称である。なぜ卸売業者と仲買人がインドネシアではそのように呼ばれるかといえば，その成り立ちの歴史的経緯と関係している。オランダ統治時代，現在のジャカルタ首都特別州で開設された公設市場に華人が進出していたが，公設市場の運営は現在のように行政に管理されていなかった。そのため治安が悪く，華人の自衛手段として警備員が雇われ，彼らがチュンテンと呼ばれていたのである。筆者の仮説ではあるが，警備員であったチュンテンが本文で触れたように初期投資を必要としない仲買人に一部移行していき，やがて仲買人と卸売業者の分業が生じ，仲買人をチュンテンと呼ぶことが定着していったのではないだろうか。一方で，市場の商人は今も一般的には良い印象を持たれていない。「市場で調査をしている」と言えば，まずはスリが多いことをインドネシア人は親切心から警告してくれるし，K市場を訪れる商人の中にも鞄を前に抱えてスリに合わないように注意している者もいた。そして調査を手伝ってくれた学生も市場で働く人をプレマン（pre-man：チンピラや悪人の意）と呼んでいたのである。確かにその風貌からチュンテンはもちろん，彼らを「束ねる」バンダルは危険な雰囲気を発している。しかし実際のところ，徒党を組んで不法行為に加担するようなことは少なく，日頃の厳しい商人間の競争を如何に生き抜くかという点に注力している。特に，エシャロットを取り扱うバンダルの一人であるE氏（43歳）は異色の存在である。他の商人の最終学歴が小学校卒や中学校卒のなかで大学を卒業しており，前職は有名銀行の行員だった。中ジャワのトゥンクラッ

と繋がりがある知人に勧められ，親類からの借金（400百万ルピア，日本円で約400万円）と貯蓄（400百万ルピア）を切り崩して2006年からK市場に参入していたのである。一定のコネクションと資金さえあれば誰でもバンダルになれる点は，ほかのビジネスと同様であろう。ただし，一般的には厳しい条件であるため，親や親類から店舗を受け継ぐ形でバンダルとなるものも多く（実はチュンテンでもこのような世襲傾向が見られる），結果的にバンダル―チュンテンという分業の仕組みが引き継がれているのである。

　このような伝統を引き継ぐ商人達が支配する卸売市場を整備し，近代的な施設へと作り変えることは難しい。現地調査中，スラバヤ市にある稼働直後の公設卸売市場を筆者は訪問した。ジャカルタ首都特別州の青果物流通の拠点であるK市場に対して，東ジャワ州の中心地であるスラバヤ市の近辺には長らく公設卸売市場がなかったのである。その代わり，スラバヤ市内のKE市場などが小売兼卸売市場として機能してきた。K市場設立から40年ほど後の2010年に設立されたPA市場は，スラバヤ市南部の広大な土地に建設され，施設面積で見ればK市場の倍近い規模の公設卸売市場であった。PA市場と関わる中で，東ジャワ州政府の農産物流通近代化への思いの強さを感じた。たとえば，筆者が調査のためにPA市場の市場管理事務所や，市場を管轄する東ジャワ州の商業省を訪問した際，西ジャワ州やジャカルタでは受けなかったような歓待を受けたのである。しかし，公設市場の主役である商人に目を向けると，卸売流通の拠点としてはまだ機能していなかった。K市場の設立時は，近隣の3市場から商人を誘致していたが（エヴィリスナら 1998），PA市場もKE市場などから商人を誘致することで新たな市場を軌道に乗せようとしていた。一定期間場所代の支払いを免除するなどの優遇策が取られるとともに，KE市場の商人を数人呼び込み，彼らの手引きで商人を誘導していた。つまり，伝統的流通の商人の手で卸売市場の創設を進めようとする試みなのである。しかし当時の状況としては，市場内が閑散としており，また卸売市場よりも1店舗で取扱う野菜の種類が多く，むしろ小売市場のような状況であった。これはKE市場で小売商ないし規模の小さな卸売商だった商人が転居してきたことに起因すると推察される。マーケットメーカーたるバンダルのような卸売商人が参入しないことには卸売市場として機能しないだろう。他方で，PA市場では農産物オークションの取り組みが見られ，そちらにはバンダルが参入し，州を超えた大規模な取引を行っている。オークションの様子は厳

正な競り合いというよりは催し物やショーのような雰囲気ではあったが，オークションの袖で出品されていない農産物の取引もされていた。このように一歩ずつ伝統的流通を近代化させるための取り組みは進むものであり，そうすべきだと思わされる調査であった。

PA市場の野菜取引エリアの概観（2011年11月17日筆者撮影）。

PA市場の内部。施設自体は綺麗だが空き店舗が目立つ。またK市場で見るような袋詰めされた野菜が積み上げられるような店舗はなく，小分けにされた野菜が各店舗内の台座に並べられている（2011年11月17日筆者撮影）。

あとがき

　本書は 2015 年 3 月に東北大学大学院農学研究科に提出した博士論文を大幅に加筆修正したものである。京都大学東南アジア地域研究研究所の地域研究叢書として出版するにあたり，3 名の査読者からの指摘への対応，追加調査に伴う章の追加，それに伴い全体の再構成と加筆を行った。博士課程に 4 年を費やしたことと比べると，書籍用に書き直す作業に費やした 6 年は長いように思う。実際，地域研究叢書のうち博士論文を基にしているものに絞ってみれば，論文提出後 2〜5 年以内に出版に漕ぎつけている。しかし，息継ぎせずに走り終えた博士課程の研究を振り返って歩きながら作り直すには，それくらいの時間が自分には必要だったと思う。なぜなら，博士論文の執筆後に研究関心や仕事内容を変えていくことで，多角的な視点から博士論文を見直したからである。途上国の流通を渡り歩いて作った博士論文は現場重視，つまりミクロ的な視点を重視していた中で，同時にマクロ的な視点にも関心が湧きあがっていた。そして，本文の随所に出てくる商人のマージン率の計算に見られるように指標の作成と活用に関連するのが，博士課程を終えてから始めた持続可能性に関する経済指標の研究である。マクロ経済学・厚生経済学をベースとしたものであり，大いに勉強になった。そして，2018 年に茨城大学に着任してからは日本の農産物流通に関連する講義を任されたことで，日本から見た途上国の流通を意識するようになった。和書を出版する以上，日本の農産物流通から見たインドネシアという視点は読者のためにも重要であるし，日本の農産物流通の歴史的経緯が現状のインドネシアとも一部重なる点は今なお興味深い。本書とは一見異なる研究や仕事をする中での学びを本書に反映する試みがどこまで成功したかは読者の判断に委ねるところだが，卒論の一環でインドネシアを初めて訪問した 2008 年 1 月以降，10 年以上の時間をかけた研究成果をまとめたものが本書なのである。

　ただ，足掛け 10 年以上「ジャワの流通の研究」に取り組むことは容易ではなかった。そもそも博士課程に入学する前に一度銀行員として働いていたぐらいであり，博士課程の期間中，そしてその後も躓くことが多々あった。しかし，インドネシアでのフィールドワークの強烈な経験が内面的なモチベーションとなり，そして周囲の人々からの励ましのおかげで本書を完成させることができ

たと思う。前者は銀行を辞めて博士課程に進んだ最も大きな理由である。修士課程までに取り組んだパサールの商人に対する調査の続きが気になり，若さゆえに仕事を辞めてしまった。今振り返っても博士課程への進学はリスクの高い選択だと思うが，それでもこの行動を取ったのはインドネシアにそれだけ魅力を感じていたからだと思う。後者についてはまず，2015年7月にアジア太平洋研究賞（佳作）を受賞したことが大きな励みになった。歴代の受賞者達のように自分も単著を出版したいとの思いが本書のモチベーションに繋がった。そして何より，多くの方々に御助言，ご批判を賜ることがなければ，本書は完成しえなかった。ここに全ての人への感謝を記すことはできないが，最後に謝辞を示して本書を終えたい。

米倉等東北大学名誉教授には，博士論文の内容，構成の細部に至るまで多くの指導を賜った。東ジャワ州の農村では，インドネシアでの農家家計調査，商人の経営実態調査，そしてフィールドワークへの心構えを学ばせていただいた。調査村に向かう車内での会話や，高台から調査村の写真を撮っている時の何気ない一言がきっかけで生まれた章も本書にはある。その教えと期待に応えられているかは分からないが，研究者人生の基礎となる貴重な経験に違いなく，深く感謝している。

東北大学での日々の研究生活では博士論文の審査はもとより，定例研究会，国際開発学分野のゼミで多くの方々からご助言を賜った。伊藤房雄教授，木谷忍教授，盛田清秀教授，冬木勝仁教授，高橋英樹教授には博士論文本審査の場において多くのご助言をいただき，今後の研究に向けた示唆を得ることができた。心よりお礼申し上げたい。特に伊藤房雄教授に書籍出版を力強く後押ししていただいたおかげで，書籍化に漕ぎつけたと思う。また，長谷部正名誉教授，高篠仁奈准教授（現立命館大学），宮城大学食産業学部川島滋和教授には，博士論文の草稿に多くの助言をいただき感謝している。そして，博士課程での資金面の援助，専門外の研究者との交流の機会を提供していただいた東北大学国際高等研究教育機構に感謝している。同機構の博士研究教育院生に採用されたことで博士課程の間の金銭的な心配をする必要が無くなり，集中することができた。

インドネシアの各研究機関の先生方には，現地調査だけでなく日常生活においても様々な便宜を図っていただいた。ボゴール農科大学経済経営学部 Yusman Syaukat 教授，同大学同学部アグリビジネス学科 Nunung Kusnadi 教授，

同大学農業工学部 Armansyah Tambunan 教授，パジャジャラン大学農業食品政策・アグリビジネス研究センター所長の Ronnie S. Natawidjaja 教授，ブラウィジャヤ大学経済経営学部 Maryunani 教授，同大学農学部 Nuhfil Hanani 教授に深く感謝している。また，これまでの研究成果などを英語でアウトプットすることが今後特に重要だと思うので，気を引き締めたい。

　前段で述べたような博士課程後にまずお世話になったのが九州大学の馬奈木俊介主幹教授である。アウトプット重視の研究への取り組み方は大いに勉強になるとともに，本書の出版前に複数の書籍の出版経験を与えて頂き，大変感謝している。現職の茨城大学農学部では様々な配慮を賜り，研究に集中できる環境だけでなく，学内学外に向けたセミナーでアウトプットする機会を提供していただいた。重ねて感謝したい。

　また，地域研究叢書としての出版を勧めてくださった京都大学学術出版会の鈴木哲也氏と大橋裕和氏には出版に向けた丁寧な助言を賜った。出版までのプロセスの厳格さに驚いたが，3名の査読者からの指摘は的確であり，質の向上を図れたと思う。また，京都大学東南アジア地域研究研究所共同利用・共同研究拠点「東南アジア研究の国際共同研究拠点」令和3年度共同研究および京都大学アジア研究基金より出版費用を助成していただいた。昨今の出版不況を鑑みるに，出版助成を獲れるかどうかは若手研究者にとっての死活問題であり，タイミングよく採択していただき感謝している。

　学部・修士課程で指導していただいた東京大学大学院農学生命科学研究科荒木徹也准教授および筆者と同時期にインドネシアに滞在していた早稲田大学佐々木俊介講師・JICA 緒方研究所遠藤慶研究員・神浦友樹氏に大変お世話になった。2008年に初めてインドネシアを訪問し，現在までインドネシアでの研究を継続する意思を強く持てたのは，この研究初期の経験があったからである。またそれ以降も共同研究に誘っていただけているので，研究成果で恩返ししたいと思う。そして，本研究の根幹を担う個票データの調査員として協力していただいた，ボゴール農科大学，パジャジャラン大学，ブラウィジャヤ大学の学生の方々にお礼申し上げたい。インドネシアの農産物流通の発展を研究していく活力は彼ら学生から得たものが大きく，またそこで広まった人脈と知見は私の研究者人生におけるかけがえのない財産である。最後に，本書の執筆を支えてくれた家族のみなへ感謝し本書を捧げたい。

参考文献

（日本語）

浅見淳之（2015）『農村の新制度派経済学——アジアと日本』日本評論社。

有本寛（2017）「発展途上経済における農産物市場と流通の改善——近代日本の米市場における米穀検査と標準化」『アジア経済』第58巻2号，77-103ページ。

アマルティア，セン（1988）『福祉の経済学——財と潜在能力』（鈴村興太郎訳）岩波書店。

──（2000）『貧困と飢饉』（黒崎卓，山崎幸治訳）岩波書店。

池田真也（2011）「インドネシア都市部における卸売流通拠点としてのバザール——ジャカルタ青果物中央卸売市場の事例」『アジア研究』第57巻1号，30-49ページ。

一瀬裕一郎（2018）「最近の卸売市場を取り巻く諸情勢」『農林金融』，15-29ページ。（https://www.nochuri.co.jp/report/pdf/n1807re2.pdf　2020年8月30日アクセス）

伊藤秀史（2003）『契約の経済理論』有斐閣。

エヴィリスナ，甲斐諭，金中起，小林康平（1998）「ジャカルタにおける青果物卸売市場の課題と市場統合度の計測」『農業経済論集』第49巻第2号，19-28ページ。

遠藤元（2010）『新興国の流通革命——タイのモザイク状消費市場と多様化する流通』日本評論社。

大野昭彦（2017）『市場を織る——商人と契約：ラオスの農村手織物業』京都大学学術出版会。

川端基夫（2007）「グローバルリテイラーと途上国市場のコンテキスト——タイ東北部における零細小売業との共生関係」『龍谷大学経営学論集』第47巻第2号，66-76ページ。

グライフ，アブナー（2009）『比較歴史制度分析』（岡崎哲二，神取道弘監，有本寛，尾川僚，後藤英明，結城武延訳）NTT出版。

倉沢愛子編（2013）『消費するインドネシア』慶應義塾大学出版会。

桑原正信監修（1969）『農産物流通の基本問題（講座・現代農産物流通論第1巻）』家の光協会。

ケイナック，エドナー（1993）『マーケティングと経済発展』（阿部真也，白石善章訳）ミネルヴァ書房。

小林康平（1995）「日本における卸売市場流通効率化の課題」（小林康平（編）『変貌する農産物流通システム——卸売市場の国際比較』農文協），23-51ページ。

杉村泰彦（2013）「第5章　青果物市場における主要文献と論点　第1節　青果物の卸売市場制度」（美土路知之，玉真之介，泉谷眞実（編）『食料・農業市場研究の到達点と展望』筑波書房），87-105ページ。

高橋信正（2003）「インドネシアにおける農民グループの展開」『神戸大学農業経済』第36号，1-8ページ。

張馨元（2014）『中国トウモロコシ産業の展開過程（現代中国地域研究叢書）』勁草書房。

テオドル，ベクター（2007）『築地』木楽舎。

速水佑次郎（2006）「経済発展における共同体と市場の役割」（澤田康幸，園部哲史編『市場と経済発展——途上国における貧困削減に向けて』東洋経済新報社），15-41ページ。

福井清一（1995a）「バザールから卸売市場へ——東南アジアにおける二つの首都圏市場」（小林康平編『変貌する農産物流通システム——卸売市場の国際比較』農文協），210-251ページ。

福井清一（1995b）「フィリピンにおける青果物流通と顧客関係——その理論的解釈」『農林業問題研究』118，1-9ページ。

藤田幸一（1990）「ジャワ農村における労働慣行に関する一考察——西部ジャワ州天水田地域の農村調査から」『農業総合研究』第44巻3号，1-53ページ。

藤田武弘，小野雅之，豊田八宏，坂爪浩史（2002）『中国大都市にみる青果物供給システムの新展開』筑波書房。

宝剣久俊（2017）『産業化する中国農業——食料問題からアグリビジネスへ』名古屋大学出版会。

細川允史（2009）「第4報告　転機に立つわが国卸売市場——委託手数料率弾力化を期として」『農業市場研究』第18巻1号，12-18ページ。

———（2019）『改正卸売市場法の解析と展開方向』筑波書房。

星野崇宏（2009）『調査観察データの統計科学——因果推論・選択バイアス・データ融合』岩波書店。

マクニール，イアン（2015）『関係的契約理論　イアン・マクニール撰集』（キャンベルデヴィッド編）日本評論社。

マクミラン，ジョン（2007）『市場を創る——バザールからネット取引まで』（瀧澤弘和，木村友二訳，原著は2003年発行）NTT出版。

水野廣祐（1999）『インドネシアの地場産業——アジア経済再生の道とは何か？』京都大学学術出版会。

美土路知之，玉真之介，泉谷眞実編（2013）『食料・農業市場研究の到達点と展望』筑波書房。

諸岡慶昇（1995）「バザール近代化の展望——インドネシアの地方市場からみた変革の動き」（小林康平編『変貌する農産物流通システム——卸売市場の国際比較』農文協），252-275ページ。

米倉等（1986）「ジャワ農村における階層構成と農業労働慣行」『アジア経済』第27巻4号，2-37ページ。

劉潤（2019）『事例で分かる新・小売革命』（配島亜希子訳）CCCメディアハウス。

（英語）

Ackerberg, Daniel A., and Maristella Botticini. 2002. "Endogenous Matching and the Empirical Determinants of Contract Form." *Journal of Political Economy* 110 (3): 564-591.

Alexander, Carol, and John Wyeth. 2007. "Cointegration and Market Integration: An Application to the Indonesian Rice Market." *Jornal of Development Studies* 30 (2): 303-334.

Alexander, Jennifer, and Paul Alexander. 1987. "Striking a Bargain in Javanese Markets." *Man* 22 (1): 42-68.

———. 1991. "What's a Fair Price? Price-Setting and Trading Partnerships in Javanese Markets." *Man, New Series* 26 (3): 493-512.

Allen, Douglas W., and Dean Lueck. 1999. "The Role of Risk in Contract Choice." *Journal of Law, Economics, and Organization* 15: 704-736.

———. 2009. "Customs and Incentives in Contracts." *American Journal of Agricultural Economics* 91 (4): 880-894.

Anderson, A. G. 1980. "The Rural Market in West Java." *Economic Development and Cultural Change* 28: 753-777.

Anderson, James C., and James A. Narus. 1990. "A Model of Distributor Firm and

Manufacturer Firm Working Partnerships." *Journal of Marketing* 54: 42–58.

Baker, George, Robert Gibbons, and Kevin J. Murphy. 2002. "Relational Contracts and the Theory of the Firm." *Quarterly Journal of Economics* 117 (1): 39–84.

Balke, Nathan S., and Thomas B. Fomby. 1997. "Threshold Cointegration." *International Economic Review* 38 (3): 627–645.

Barrett, Christopher B., and Jau Rong Li. 2002. "Distinguishing between Equilibrium and Integration in Spatial Price Analysis." *American Journal of Agricultural Economics* 84 (2): 292–307.

Barzel, Yoram. 1982. "Measurement Cost and the Organization of Markets." *Journal of Law and Economics* 25 (1): 27–48.

Bellemare, Marc F., and Jeffrey R. Bloem. 2018. "Does Contract Farming Improve Welfare? A Review." *World Development* 112: 259–271.

Chowdhury, Shyamal K.K., Ashok Gulati, and E. Gumbira-Sa'id. 2005. "The Rise of Supermarkets and Vertical Relationships in the Indonesian Food Value Chain: Causes and Consequences." *Asian Journal of Agriculture and Development* 2 (1&2): 39–48.

Collier, William L., and Gunawan Wiradi. 1973. "Recent Changes in Rice Harvesting Methods. Some Serious Social Implications." *Bulletin of Indonesian Economic Studies* 9 (2): 36–45.

Crump, Richard K., V. Joseph Hotz, Guido W. Imbens, and Oscar A. Mitnik. 2009. "Dealing with Limited Overlap in Estimation of Average Treatment Effects." *Biometrika* 96: 187–199.

Dawe, David C., Piedad F. Moya, Cheryll B. Casiwan, and Jesusa M. Cabling. 2008. "Rice Marketing Systems in the Philippines and Thailand: Do Large Numbers of Competitive Traders Ensure Good Performance?" *Food Policy* 33 (5): 455–463.

Dewey, Alice G. 1962. *Peasant Marketing in Java.* New York: The Free Press of Glencoe, Inc.

Dyck, John, Andrea E. Woolverton, and Fahwani Yuliati Rangkuti. 2012. "Indonesia's Modern Retail Sector Interaction with Changing Food Consumption and Trade Patterns." *Economic Information Bulletin* 127495, U.S. Department of Agriculture.

Egger, Dennis, Edward Miguel, Shana S. Warren, Ashish Shenoy, Elliott Collins, Dean Karlan, Doug Parkerson, A. Mushfiq Mobarak, Günther Fink, Christopher Udry, Michael Walker, Johannes Haushofer, Magdalena Larreboure, Susan Athey, Paula Lopez-Pena, Salim Benhachmi, Macartan Humphreys, Layna Lowe, Niccoló F. Meriggi, Andrew Wabwire, C. Austin Davis, Utz Johann Pape, Tilman Graff, Maarten Voors, Carolyn Nekesa, and Corey Vernot. 2021. "Falling Living Standards during the COVID-19 Crisis: Quantitative Evidence from Nine Developing Countries." *Science Advances* 7 (6), eabe0997. https://doi.org/10.1126/sciadv.abe0997.

Euromonitor International. 2019. *Retailing in Indonesia.* London: Euromonitor International.

Fackler, Paul L, and Barry K. Goodwin. 2001. "Spatial Price Analysis." *Handbook of Agricultural Economics* 1: 971–1023.

Fafchamps, Marcel, Eleni Gabre-Madhin, and Bart Minten. 2005. "Increasing Returns and Market Efficiency in Agricultural Trade." *Journal of Development Economics* 78 (2): 406–442.

Fafchamps, Marcel, and Ruth Vargas Hill. 2005. "Selling at the Farmgate or Traveling to Market." *American Journal of Agricultural Economics*, 87 (3): 717–734.

FAO, IFAD, UNICEF, WFP and WHO. 2021. *The State of Food Security and Nutrition in the World 2021. Transforming food systems for food security, improved nutrition and affordable healthy diets for all.* Rome: FAO.

Federico, Giovanni. 2012. "How Much Do We Know about Market Integration in Europe?" *Economic History Review* 65 (2): 470–497.

Firdaus, Muhammad, and Irwanto Gunawan. 2012. "Integration among Regional Vegetable Markets in Indonesia." *Journal of ISSAAS* 18 (2): 96–106.

Freddy, and Shunsuke Yanagimura. 2018. "The Roles of Farmers' Organizations in Modernizing the Fresh Vegetable Supply Chain in West Bandung District, West Java Province, Indonesia." *The Review of Agricultural Economics* (農経論叢) 72 (1): 13–27.

Geertz, Clifford. 1963. *Agricultural Involution: the Process of Ecological Change in Indonesia.* California: University of California Press. (ギアツ，クリフォード，池本幸生訳『インボリューション——内に向かう発展』NTT 出版)

―――. 1978. "The Bazzar Economy: Information and Search in Peasant Marketing." *American Economic Review* 68 (2): 28–32.

Granger, C. W. J. 1969. "Investigating Causal Relations by Econometric Models and Cross-spectral Methods." *Econometrica* 37 (3): 424–438.

Hayami, Yujiro, and Masao. Kikuchi. 1981. *Asian Village Economy at the Crossroads: An Economic Approach to Institutional Change.* Tokyo: University of Tokyo Press.

Hayami, Yujiro and Toshihiko Kawagoe. 1993. *The Agrarian Origins of Commerce and Industry.* London, U.K.: THE MACMILLAN PRESS.

Hansen, Bruce E. 1999. "Testing for Linearity." *Journal of Economic Survey* 13 (5): 551–576.

Hatzenbuehler, Patrick L, Philip C Abbott, and Tahirou Abdoulaye. 2017. "Price Transmission in Nigerian Food Security Crop Markets." *Journal of Agricultural Economics* 68 (1): 143–163.

Heckman, James J., Hidehiko Ichimura, and Petra E. Todd. 1997. "Matching Evidence Job as an Econometric Estimator: Evidence from Evaluating a Job Training Programme." *Review of Economic Studies* 64: 605–654.

Hernández, Ricardo, Thomas Reardon, Ronnie Natawidjaja, and Shobha Shetty. 2015. "Tomato Farmers and Modernising Value Chains in Indonesia." *Bulletin of Indonesian Economic Studies* 51 (3): 425–444.

Hirano, Keisuke, and Guido W. Imbens. 2001. "Estimation of Causal Effects Using Propensity Score Weighting: An Application to Data on Right Heart Catheterization." *Health Services and Outcomes Research Methodology* 2: 259–278.

Hirvonen, Kalle, Bart Minten, Belay Mohammed, and Seneshaw Tamru. 2021. "Food Prices and Marketing Margins during the COVID-19 Pandemic: Evidence from Vegetable Value Chains in Ethiopia." *Agricultural Economics* 52 (3): 407–421.

Hu, Dinghuan, Thomas Reardon, Scott Rozelle, Peter Timmer, and Honglin Wang. 2004. "The Emergence of Supermarkets with Chinese Characteristics: Challenges and Opportunities for China's Agricultural Development." *Development Policy Review* 22

(5): 557–586.

Imbens, Guido W., and Jeffrey M. Wooldridge. 2009. "Recent Developments in the Econometrics of Program Evaluation." *Journal of Economic Literature* 47 (1): 5–86.

International Livestock Research Institute (ILRI). 2020. "Vietnam Livestock CRP COVID 19 Survey: First draft descriptive summary of survey findings" unpublished manuscript.

Ismet, Mohammad, Andrew P. Barkley, and Richard V. Llewelyn. 1998. "Government Intervention and Market Integration in Indonesian Rice Markets." *Agricultural Economics* 19 (3): 283–295.

Leffler, Keith B., Randal R. Rucker, and I.A. Munn. 2000. "Transaction Costs and the Collection of Information: Presale Measurement on Private Timber Sales." *Journal of Law Economics & Organization* 16: 166–188.

Leffler, Keith B., and Randal R. Rucker. 1991. "Transactions Costs and the Efficient Organization of Production: A Study of Timber-Harvesting Contracts." *Journal of Political Economy* 99: 1060–1087.

Lloyd, Tim. 2017. "Forty Years of Price Transmission Research in the Food Industry. Insights, Challenges and Prospects." *Journal of Agricultural Economics* 68 (1): 3–21.

MacDonald, James M., and Penni Korb. 2011. 'Agricultural Contracting Update : Contracts in 2008'. *USDA-ERS Economic Information Bulletin* 72. https : / / doi.org / 10.2139/ssrn.2114442.

MacDonald, James, Janet Perry, Mary Ahearn, David E. Banker, William Chambers, Carolyn Dimitri, Nigel Key, and Kenneth Nelson. 2004. "Contracts, Markets, and Prices: Organizing the Production and Use of Agricultural Commodities." *USDA-ERS Agricultural Economic Report* 837. https : //doi.org/10.2139/ssrn.754986.

Marks, Daan. 2010. "Unity or Diversity? On the Integration and Efficiency of Rice Markets in Indonesia, c. 1920–2006." *Explorations in Economic History* 47 (3): 310–324.

Michler, Jeffrey D., and Steven Y. Wu. 2020. "Relational Contracts in Agriculture : Theory and Evidence." *Annual Review of Resource Economics* 12: 111–127.

Minot, Nicholas, Randy Stringer, Wendy Umberger, and Wahida. 2013. "Urban Shopping Patterns in Indonesia and Their Implications for Small Farmers." *IFPRI Working paper.* https : //ebrary.ifpri.org/digital/api/collection/p15738coll2/id/127967/download

Minten, Bart, Anneleen Vandeplas, and Johan Swinnen. 2012. "Regulations, Brokers, and Interlinkages: The Institutional Organization of Wholesale Markets in India." *Journal of Development Studies* 48 (7): 864–886.

Montgomery, Roger, Sudarno Sumarto, Sulton Mawardi, Syaikhu Usman, Nina Toyamah, Vita Febriany, and John Strain. 2002. "Deregulation of Indonesia'S Interregional Agricultural Trade." *Bulletin of Indonesian Economic Studies* 38 (1): 93–117.

Moustier, Paule, Phan Thi Giac Tam, Dao The Anh, Vu Trong Binh, and Nguyen Thi Tan Loc. 2010. "The Role of Farmer Organizations in Supplying Supermarkets with Quality Food in Vietnam." *Food Policy* 35 (1): 69–78.

Nachuk, Stefan, Novia Cici Anggraini, Jennifer Donohoe, Janes Imanuel Ginting, Julie Hackett, Gregorius Kelik Agus Endarso, Kyle Lemargie, Agni Paramita, Peter Rooney, Nunik Yunarti. 2006. "The Supply of High Value Crops to Supermarkets in

Malang District—Trends and Implications for Small Farmers." Manuscript, Washington, DC: World Bank.

Natawidjaja, Ronnie S., Yosini Deliana, Wayan Rusastra, Tomy Perdana, Togar A. Napitupulu, Hanny Sulistyoningrum, and Yovie M. Rahayu. 2007. "Innovative Practice Indonesia-The transparent margin partnership model Linking mango farmers to dynamic markets." Manuscript, the Center for Agricultural Policy and Agribusiness Studies (CAPAS) Padjadjaran University, Centre for Allleviation of Poverty through Secondary Crops' Development in Asia and the Pacific (CAPSA) and United Nations Economic and Social Commission for Asia and the Pacific (UNESCAP).

Obstfeld, Maurice, and Alan M. Taylor. 1997. "Nonlinear Aspects of Goods-Market Arbitrage and Adjustment: Heckscher's Commodity Points Revisited." *Journal of the Japanese and International Economies* 11 (4): 441–479.

Oktarina, Yetty. 2015. "Rice Market Integration in Southern Sumatra, Indonesia." *International Journal of Agricultural Research, Innovation and Technology* 5 (2): 1–6.

Otsuka, Keijiro, Yuko Nakano, and Kazushi Takahashi. 2016. "Contract Farming in Developed and Developing Countries." *Annual Review of Resource Economics* 8: 353–376.

Partadireja, Ace. 1974. "Rural Credit: The Ijon System." *Bulletin of Indonesian Economic Studies* 10 (3): 54–71.

Proctor, Felicity, and Bill Vorley. 2008. "Innovation in Business Models and Chainwide Learning for Market Inclusion of Smallholder Producers." *BANWA: A Multidisciplinary Journal* 8 (2): 22–38.

Purnamasari, R., and Ali, R. 2020. *High-frequency monitoring of household: Summary of Results from Survey Round 1*, 1–7 May 2020. Indonesia COVID–19 Observatory Brief No. 3. Washington, DC: World Bank. (also available at https://openknowledge.worldbank.org/handle/10986/34740).

Ravallion, Martin. 1986. "Testing Market Integration." *American Journal of Agricultural Economics* 68 (1): 102–109.

Reardon, Thomas, S. Henson, and J. Berdegué. 2007. "Proactive Fast-Tracking' Diffusion of Supermarkets in Developing Countries: Implications for Market Institutions and Trade." *Journal of Economic Geography* 7 (4): 399–431.

Reardon, T., C. P. Timmer, and B. Minten. 2012. "Supermarket Revolution in Asia and Emerging Development Strategies to Include Small Farmers." *Proceedings of the National Academy of Sciences* 109 (31): 12332–12337.

Reardon, Thomas. 2015. "The Hidden Middle: The Quiet Revolution in the Midstream of Agrifood Value Chains in Developing Countries." *Oxford Review of Economic Policy* 31 (1): 45–63.

Reardon, Thomas, Kevin Z. Chen, Bart Minten, Lourdes Adriano, The Anh Dao, Jianying Wang, and Sunipa Das Gupta. 2014. "The Quiet Revolution in Asia's Rice Value Chains." *Annals of the New York Academy of Sciences* 1331 (1): 106–118.

Reardon, Thomas, and C. Peter Timmer. 2014. "Five Inter-Linked Transformations in the Asian Agrifood Economy: Food Security Implications." *Global Food Security* 3 (2): 108–117.

Reardon, Thomas, and Charles Peter Timmer. 2007. "Transformation of Markets for

Agricultural Output in Developing Countires Since 1950: How Has Thinking Changed?" *Handbook of Agricultural Economics* 3: 2807–2855.

Reardon, Thomas, Charles Peter Timmer, Christopher B. Barrett, and Julio Berdegue. 2003. "The Rise of Supermarkets in Africa, Asia, and Latin Aerica." *American Journal of Agricultural Economics* 85: 1140–1146.

Robins, James M., and Andrea Rotnitzky. 1995. "Semiparametric Efficiency in Multivariate Regression-Models with Missing Data." *Journal of the American Statistical Association* 90: 122–129.

Robins, James M., Andrea Rotnitzky, and Lue Ping Zhao. 1995. "Analysis of Semiparametric Regression Models for Repeated Outcomes in the Presence of Missing Data." *Journal of the American Statistical Association* 90: 106–121.

Romo, Glory Dee, Larry Digal, and Thomas Reardon. 2009. "The Transformation of Food Retail in the Philippines." *Asian Journal of Agriculture and Development* 6 (2): 51–84.

Rosenbaum, Paul R., and Donald B. Rubin. 1983. "The Central Role of the Propensity Score in Observational Studies for Causal Effects." *Biometrika* 70: 41–55.

Rosenbaum, Paul R. 1987. "The Role of a Second Control Group in an Observational Study." *Statistical Science* 2 (3): 292–306.

Sahara, Sahara, and Amos Gyau. 2014. "Contractual Arrangements and Commitment in the Indonesian Supermarket Channel." *British Food Journal* 116 (5): 765–779.

Sahara, Sahara, Nicholas Minot, Randy Stringer, and Wendy J. Umberger. 2015. "Determinants and Effects of Small Chilli Farmers' Participation in Supermarket Channels in Indonesia." *Bulletin of Indonesian Economic Studies* 51 (3): 445–460.

Schipmann, Christin, and Matin Qaim. 2010. "Spillovers from Modern Supply Chains to Traditional Markets: Product Innovation and Adoption by Smallholders." *Agricultural Economics* 41 (3–4): 361–371.

———. 2011. "Supply Chain Differentiation, Contract Agriculture, and Farmers' Marketing Preferences: The Case of Sweet Pepper in Thailand." *Food Policy* 36 (5): 667–677.

Serra, T., B. Goodwin, J. M. Gil, and Mancuso, Anthony. 2006. "Non-Parametric Modelling of Spatial Price Relationships." *Journal of Agricultural Economics* 57: 501–522.

Shilpi, Forhad, and Dina Umali-deininger. 2007. "Where to Sell? Market Facilities and Agricultural Marketing." *Policy Rreserch Working Paper* 4455. https : // ebrary.ifpri. org/digital/api/collection/p15738coll2/id/127967/download

Siamwalla, Ammar. 1978. "Farmers and Middlemen: Aspects of Agricultural Marketing in Thailand." *Economic Bulletin for Asia and the Pacifi* 29 (1): 38–50.

Sibhatu, Kibrom T., Vijesh V. Krishna, and Matin Qaim. 2015. "Production Diversity and Dietary Diversity in Smallholder Farm Households." *Proceedings of the National Academy of Sciences of the United States of America* 112 (34): 10657–10662.

Sibhatu, Kibrom T., and Matin Qaim. 2018. "Farm Production Diversity and Dietary Quality: Linkages and Measurement Issues." *Food Security* 10 (1): 47–59.

Simmons, Phil, Paul Winters, and Ian Patrick. 2005. "An Analysis of Contract Farming in East Java, Bali, and Lombok, Indonesia." *Agricultural Economics* 33 (s3): 513–525.

Slamet, Alim, Akira Nakayasu, and Masahiro Ichikawa. 2017. "Small-Scale Vegetable Farmers' Participation in Modern Retail Market Channels in Indonesia: The Determinants of and Effects on Their Income." *Agriculture* 7 (2): 11. https://doi.org/10. 3390/agriculture7020011.

Srimanee, Yanee, and Jayant Kumar Routray. 2012. "The Fruit and Vegetable Marketing Chains in Thailand: Policy Impacts and Implications." *International Journal of Retail & Distribution Management* 40 (9): 656–675.

Stiglitz, Joseph E. 1974. "Incentives and Risk Sharing in Sharecropping." *The Review of Economic Studies* 41 (2): 219–255.

Suryadarma, Daniel, Adri Poesoro, Sri Budiyati, Meuthia Rosfadhila, and Asep Suryahadi. 2010. "Traditional Food Traders in Developing Countries and Competition from Supermarkets: Evidence from Indonesia." *Food Policy* 35 (1): 79–86.

Suryahadi, A., Ridho Al Izzati, and Daniel Suryadarma. 2020. "Estimating the Impact of Covid-19 on Poverty in Indonesia." *Bulletin of Indonesian Economic Studies* 56 (2): 175–192.

Swinnen, Johan, Koen Deconinck, Thijs Vandemoortele, and Anneleen Vandeplas. 2015. *Quality Standards, Value Chains, and International Development. Quality Standards, Value Chains, and International Development: Economic and Political Theory.* Cambridge: Cambridge University Press.

Tam, Phan Thi Giac. 2007. "Vietnam." In *Regoverning Markets: A Place for Small-Scale Producers in Modern Agrifood Chains?*, edited by Bill Vorley, Andrew Fearne, and Derek Ray, pp. 125–132. Routledge.

Toiba, Hery, Wendy J. Umberger, and Nicholas Minot. 2015. "Diet Transition and Supermarket Shopping Behaviour: Is There a Link?" *Bulletin of Indonesian Economic Studies* 51 (3): 389–403.

Ton, Giel, Wytse Vellema, Sam Desiere, Sophia Weituschat, and Marijke D'Haese. 2018. "Contract Farming for Improving Smallholder Incomes: What Can We Learn from Effectiveness Studies?" *World Development* 104: 46–64.

Umberger, Wendy J., Xiaobo He, Nicholas Minot, and Hery Toiba. 2015. "Examining the Relationship between the Use of Supermarkets and Over-Nutrition in Indonesia." *American Journal of Agricultural Economics* 97 (2): 510–525.

Valentinov, Vladislav. 2007. "Why Are Cooperatives Important in Agriculture? An Organizational Economics Perspective." *Journal of Institutional Economics* 3 (01): 55–69.

Van Hoyweghen, Kaat Anna Fabry, Hendrik Feyaerts, Idrissa Wade, and Miet Maertens. 2021. "Resilience of Global and Local Value Chains to the Covid-19 Pandemic: Survey Evidence from Vegetable Value Chains in Senegal." Agricultural Economics 52 (3): 423–440.

Varela, Gonzalo, Enrique Aldaz-Carroll, and Leonardo Iacovone. 2012. "Determinants of Market Integration and Price Transmission in Indonesia." *Policy Research Working Paper Series* 6098. http://ideas.repec.org/p/wbk/wbrwps/6098.html.

Vetter, Thomas, Marianne Nylandsted Larsen, and Thilde Bech Bruun. 2019. "Supermarket-Led Development and the Neglect of Traditional Food Value Chains: Reflections on Indonesia's Agri-Food System Transformation." *Sustainability (Switzerland)* 11 (2).

Wiboonponse, Aree, and Songsak Sriboonchitta. 2007. "Thailand." In *Regoverning Markets: A Place for Small-Scale Producers in Modern Agrifood Chains?*, edited by Bill

Vorley, Andrew Fearne, and Derek Ray, pp. 51–66. Routledge.

Williamson, Oliver E. 1986. *Economic Organization*, Sussex (U.K.): Harvester Wheatsheaf. (井上薫，中田善啓監訳『エコノミック　オーガニゼーション――取引コストパラダイムの展開』晃洋書房)

Wilson, Robert. 1977. "A Bidding Model of Perfect Competition." *The Review of Economic Studies* 44 (3): 511–518.

Wimanda, Rizki E. 2009. "Price Variability and Price Convergence: Evidence from Indonesia." *Journal of Asian Economics* 20 (4): 427–442.

Winters, Paul, Phil Simmons, and Ian Patrick. 2005. "Evaluation of a Hybrid Seed Contract between Smallholders and a Multinational Company in East Java, Indonesia." *The Journal of Development Studies* 41 (1): 62–89.

Wollni, Meike, and Manfred Zeller. 2007. "Do Farmers Benefit from Participating in Specialty Markets and Cooperatives? The Case of Coffee Marketing in Costa Rica." *Agricultural Economics* 37 (2–3): 243–248.

Wooldridge, Jeffrey M. 2007. "Inverse Probability Weighted Estimation for General Missing Data Problems." *Journal of Econometrics* 141: 1281–1301.

World Bank. 2007. *Horticultural producers and supermarket development in Indonesia*. Washington, DC: World Bank.

Wu, Steven Y. 2014. "Adapting Contract Theory to Fit Contract Farming." *American Journal of Agricultural Economics* 96 (5): 1241–1256.

Zivot, Eric, Donald W. K. Andrews. 1992. "Further Evidence on the Great Crash, the Oil-Price Shock, and the Unit-Root Hypothesis." *Journal of Business & Economic Statistics* 10 (3): 251–270.

索　引

著者紹介

池田　真也（いけだ　しんや）

茨城大学農学部　助教
1984 年生まれ。2008 年，東京大学農学部卒業。2015 年，東北大学大学院農学研究科博士後期課程修了。博士（農学）。九州大学を経て 2018 年より現職。専門・関心は農業経済学，開発経済学，東南アジア地域研究。

【主要著書・論文】
「インドネシア都市部における卸売流通拠点としてのバザール——ジャカルタ青果物中央卸売市場の事例」（『アジア研究』第 57 巻 1 号，2011 年）。
『新国富論——新たな経済指標で地方創生』（共著，岩波書店，2016 年）。
"Inclusive Wealth of Regions: The Case of Japan," *Sustainability Science* 12 (6): 991-1006. 2017.（共著）
「流通革命下における伝統的な産地流通取引の変容——ジャワ島 2 村における野菜流通の事例」（『アジア研究』第 64 巻 4 号，2018 年）。

商人が絆す市場
　　——インドネシアの流通革命に交わる伝統的な農産物流通
（地域研究叢書 44）　　　　　　　　　　　　　　　© Shinya IKEDA 2022

2022 年 3 月 31 日　初版第一刷発行

著　者　　池田　真也
発行人　　足立　芳宏

発行所

京都大学学術出版会
京都市左京区吉田近衛町 69 番地
京都大学吉田南構内（〒606-8315）
電　話（075）761 - 6182
ＦＡＸ（075）761 - 6190
Home page http://www.kyoto-up.or.jp
振　替　01000 - 8 - 64677

ISBN 978-4-8140-0396-9　　　　　印刷・製本　亜細亜印刷株式会社
Printed in Japan　　　　　　　　　定価はカバーに表示してあります